瘦身料理

日日減醣

肉品海鮮・蔬食沙拉・鍋物料理
吃飽吃滿還瘦18公斤

無痛減醣瘦身家常菜111道

張晴琳〔圈媽〕著
孫語霙〔營養師〕食譜成分計算

目錄
CONTENTS

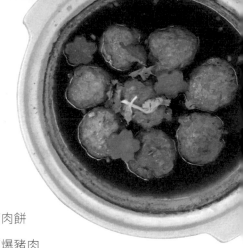

Part 1　　MEAT
肉料理

蒟蒻米炒飯

減重之前，先吃飽

FB：營養師愛碎念 - 孫語霙營養師

身為營養師的我，看過無數減重失敗的案例和各種荒唐的減肥方法，從常見的斷食法、吃肉減肥法，到激烈的蘋果三日減肥法、流質食物減肥法等等，甚至各種中藥、西藥的濫用，聽著這些個案的故事，常常讓我想起自己也曾經歷過一段「減重黑暗期」。

學生時期，因為熬夜念書，天天吃宵夜的我胖了不少，在那個流行纖細體型的時代，我對於自己肉肉的身材感到非常沒有自信，常常在鏡子面前自怨自艾，為什麼我的腿又粗又短、臀部又寬又大？什麼時候才能擁有一雙美腿、翹臀，好讓我塞入一件合身剪裁的牛仔褲。

擁有強烈的減肥動機，我開始在網路上 google 各種減重方法，速戰速決的個性，我決定採取激烈的節食，正餐時間不好好吃飯，盡吃

些所謂的「減重輕食」，生菜沙拉、水果、優酪乳、豆漿、麥片等等輪番上陣，那段期間，我日復一日吃著所謂的健康清單，身心靈卻一點一滴逐漸受創，初期雖嘗到快速瘦身的甜頭，但漸漸地，我吃膩了一成不變的食物、受夠了每晚睡前的飢腸轆轆、受夠了不能盡情大吃的生活，於是我經常補償性的大吃一頓，因此體重上上下下，從來不曾真正的減重成功。

　　成為營養師之後，了解食物的分類與熱量的拿捏，我決定把「瘦身之前先吃飽」的理念傳達出去，希望許多愛美的女性不要再為了減肥而刻薄的限制飲食、虐待自己，減重的道理其實很簡單，選對食物、吃對比例，身心都滿足了，自然瘦得健康美麗。

　　近年來，低醣飲食可說是營養界的熱門話題，有別於傳統的均衡飲食，低醣飲食將碳水化合物的比例調低，同時拉高蛋白質及油脂的攝取量，因蛋白質食物具有較高的攝食產熱效應，能夠幫助消耗更多的熱量；而油脂則可延緩胃排空，延長飽足時間，讓整體的飲食更具有飽足感。

　　在飲食精緻化、加工食品、含糖手搖飲料充斥的時代，「糖」確實是造成肥胖的重要因素。身在台灣，一個以米飯麵食為主食的國家，多數的外食餐點也經常供應大量的澱粉，可說是「加飯、加麵通通不用錢，蔬菜、肉類少的可憐」，長期下來，三大營養素的比例嚴重失衡，瘦身自然困難。

　　因此，「有意識的減糖」不失為一個控制身材的好方法。這本書中，有各式各樣色香味俱全的低醣料理，從開胃前菜、雞鴨魚肉等豐盛主菜、蔬食料理到低醣版炒飯、點心，一應俱全，不但可以讓人吃得好、吃得飽，更在滿足口腹之慾的同時，吃出前所未有的好身材！

孫語霙

「低醣生酮飲食」
讓我從大嬸變回小姐身材

　　一直以來，身邊親友對我的既定印象就是有點肉肉的、很可愛。出社會工作後，愛漂亮的天性讓原本就不是很瘦的我陷入無止盡的減肥輪迴。甚至連我的親媽都熱衷於幫我減肥這件事，曾經全家人吃著豐盛的晚餐，結果我媽媽遞給我一盤生菜，跟我說我該減肥了，那是我的晚餐……。

試過各種減肥法，卻不斷打掉重練

　　大家能想到的減肥方式我幾乎都嘗試過，像是少油、低卡、節食，或是蘋果餐、巫婆湯、蒟蒻餐、減肥藥、針灸埋線等等。這些方式有些雖然能帶來短暫的瘦身效果，但也僅止於勉強維持，稍有放縱便得打掉重練，形成無止盡的減肥迴圈。

　　於是就這樣一路胖胖瘦瘦，加上我樂天的個性覺得身材微肉沒有不好，別胖得太誇張就行，反正圓圓的臉龐及看起來很會生的屁股，也讓我很有長輩緣、朋友緣。

生完小孩身材再也回不去，少吃多動也瘦不下來

　　沒想到從懷孕開始，我旺盛的食慾及一人吃兩人補的觀念，臨盆前體重達到 77kg（我身高 157 公分），之後幾年都不曾在體重計上看見 5 字頭。我也就這樣認命當個不忌口、不運動的胖嘟嘟媽媽，畢竟人家說快樂的媽媽才有快樂的孩子，頂多不照連身鏡、不買新衣服，孕期服裝繼續穿也是很持家的。

　　直到孩子上幼兒園中班，身為家庭主婦的我開始有了交際的需求，不可能像以前一直躲在家中。看著一些苗條、漂亮的媽媽們，心裡其實很自卑，但是減肥藥的溜溜球效應讓我不敢輕易嘗試，加上有了孩子更珍惜自己的身體，希望能找到健康的方式減重。我嘗試過健走與慢跑，搭配減少進食，但一段時間下來，「少吃多動」在我身上的效果並不顯著。

▲ 20 多歲時的我，身材說不上瘦，但也不算太胖。

▲ 30 多歲的我，生完孩子後，身材也回不去了。

▲ 40 歲的我，低醣生酮飲食後，學會控制飲食，身材也不會再忽胖忽瘦了。

「低醣生酮飲食」，找回苗條身材、健康身體

　　陷入絕望的我，意外發現網路上有人討論著「生酮飲食」，這是一種利用攝入極低的醣質來使身體利用酮體作為能源的飲食方式，執行者通常會變瘦，於是我做了很多功課與研究後，決定嘗試看看。

　　沒想到進行「生酮飲食」三個月後，我就順利甩掉近 12 公斤，接下來我調整成低醣飲食，一年下來瘦了 18 公斤，而且沒有復胖，我也掌握到身體的飲食節奏。

　　雖然我藉出生酮飲食快速瘦身，再利用低醣飲食繼續瘦下去並維持身材，但世界上沒有一種減肥方式可以通用於所有人，只要找到適合自己的方法，能輕鬆、無壓力的長久執行就是最佳方案。像我的妹妹就是屬於吃不胖的類型，所以一起用餐時，她吃她的高碳水食物，我吃我的低醣飲食，倒也和樂融融互不影響。

　　而現在，低醣擇食已成為我的日常。在我身上，即使只是低醣一樣能產生酮體，所以目前我不會太明確的去區分自己的飲食方式是屬於「生酮」或「低醣」，也不太精算淨碳水的數值。對我來說低醣是方法，生酮是狀態，只要減少攝取醣質，就是對健康有益的。而本書的食譜都是圈媽的家常減醣料理，醣質已經比傳統飲食低，可依照自己需求搭配使用，希望能幫助大家找到適合自己的飲食方式。

張晴琳 Yolanda

我的「低醣生酮飲食」
心路歷程

　　雖然生酮飲食讓我快速瘦下來，但每當身邊親友詢問我生酮飲食該如何操作，我大部分還是鼓勵從低醣飲食著手。因為我並非專家，生酮飲食不見得人人都適用，畢竟人體很奧妙，每個人體質不同，除了飲食、生活習慣、壓力、睡眠……等，干擾瘦身的因素及變數也很多。接下來，圈媽提供自己「低醣生酮飲食」三階段的心得與經驗給大家參考。

▲孩子似乎只有長大一點點，但旁邊的媽媽好像是換了一個。

▲身材很明顯的從 XL 變成 S 號。

第 *1* 階段

執行「生酮飲食」，3 個月瘦 12 公斤

　　我少女時代體重最輕 48 公斤，但是一直都是易發福體質，所以一般都在 50 ～ 55 公斤遊走，隨著出社會工作後手頭有閒錢、愛吃愛享受，27 歲左右我的體重到達巔峰，大約 65 公斤。減肥之路大多數女性都走過，我也試過各種方法，28 ～ 33 歲之間是我最苗條時期，曾減到 47 公斤，但是當時憂鬱又厭食（厭食還有 47 公斤我也是個人才）。

　　雖然當時瘦是瘦了，但我不開心，看到薯條跟便當會想哭，常無預警昏睡、掉淚，每天找不到自己機車停哪裡、玻璃心搞得身邊親友也傷心，比起減肥我花更多心力治療自己。

　　33 歲訂婚時我終於自覺得苗條又健康，但是半年後意外懷孕，就是我不停腫脹的開始。孕期我體重高達 77 公斤，產後體重 74 公斤，產後約半

▲圓潤時期，看起來就是一個身體累、心也很累的媽媽，不大想打扮自己，氣色也不太好。

▲生酮飲食三個月，吃著吃著竟然瘦下了將近 12 公斤。

年體重幸運降到 62kg。但自從圈哥（我兒子）二歲左右，不停餵食我剩菜剩飯，三年的菜尾時光，讓我體重達到 69 公斤。後來我嘗試快走、散步、少吃，大約三個月左右，不著痕跡的降到 66 公斤，為什麼說不著痕跡？因為外表完全看不出來有變瘦……。

開始進行生酮飲食時，圈媽也是邊做功課、邊吃邊摸索。許多人會以防彈咖啡作為早餐，但圈媽個人沒有嘗試過，事實上，防彈飲食不等同生酮飲食。早餐我會吃些輕食，例如簡單的沙拉、雞蛋或優格，漸漸的早餐時間我不太會餓，就改成一杯無糖茶飲、黑咖啡或氣泡水，然後直到真正飢餓才進食（剛有餓感我會先喝水，直到喝水半小時後仍餓才當作真正飢餓）。

「生酮飲食」初期，我每天都感到飢腸轆轆，所以一天會吃 5 ～ 6 餐。我會在三餐的間隔加入點心時間，點心的內容可以是雞蛋、無糖優格，甚至一盤蔬菜或少量夏威夷豆，總之還是不離開低醣質的前提。大約三週左右，隨著身體慢慢適應，我的用餐次數減少、分量稍微增加，但並非刻意吃多，而是順應身體的感覺，舒服的吃飽。

這時期的飲食比例大概是：大量膳食纖維、足量的好脂肪、適量蛋白質、低淨碳水化合物。如果你沒有食物秤，可以問市場老闆大約的重量，或是賣場的食物上標籤都會標示，我個人的經驗是不到一週，大致就能目測分量了，並不需要使用電子秤精準測量。食物秤重與否非必要，我自己也不常幫食物秤重，畢竟不要讓自己覺得麻煩費力，才有辦法落實在生活中。

■ Point1：每日攝取足夠的營養與分量

分量可依個人情況調整，務必要能有飽足感，不要節食或忍受飢餓，我們要吃的營養，瘦得健康。

食物種類	分量
蔬菜類	約 300g，以深色葉菜與十字花科為主，並常變換種類。
蛋白質	視個人體重，約每 1 公斤體重攝取 1 ～ 1.5g 蛋白質，例如體重 50kg 每天蛋白質吃 50 ～ 75g，運動量大者可再調高。
脂肪	沒有一定的量，以吃飽為標準，至少占餐盤比例的一半。形式可以是肉類、炒菜用油、少量堅果、乳製品或可可等，油脂一律入菜或來自食物本身。

▋ Point2：先吃蛋白質

　　我的進食順序是先吃足蛋白質，然後是大量膳食纖維，如果還沒吃飽則會再補充一盤好油炒的蔬菜，或增加少許堅果、起司、無糖優格或85%以上的巧克力等富含優質脂肪的小點心。

　　若是我想吃點水果，或偶爾破戒吃點高醣食物的話，一定是放在用餐順序的最後，但我不會天天這麼做，只有在慾望強烈、人際關係需求，或感受壓力時吃上一拳頭內的量。放在餐後的好處是，在已經飽足的情況之下，可以避免失控而吃太多，既然要吃就要開心、不後悔、毫無懸念。

第 2 階段

低醣飲食＋間接性斷食

　　我每天都是想著，如何選擇自己愛吃而天然的食物，每一餐都吃得快樂滿足。大原則：原型食物、無糖低醣。不要搞得自己改變飲食像遁入佛門一樣，你會很壓抑、很痛苦，然後不停找理由說服自己放棄。給自己一些彈性，今天吃愛吃的炸雞、鹹酥雞，明天就乖乖自己煮一些青菜、原塊肉。

▲這個階段大概是維持期，體重和身材慢慢來到自己很滿意狀態，也是開始重新買衣服的時候了。

　　每天吃一樣的食物，還能不吃膩的人很少。既然是要改變飲食習慣，就不要侷限自己，要找出能讓自己愉快的用餐方式。也千萬不要總是吃相同的食物，各種蔬菜、肉類請讓它們排班輪值。

　　外食的隱糖避不掉，但是吃了也不會怎麼樣，以前都吃那麼多年也沒在怕，改變飲食最忌諱把自己搞得神經衰弱、草木皆兵，任何事情不快樂就缺乏動力、無法持久！讓自己輕鬆、方便、開心，這樣就好。

　　不論是一天吃一餐、兩餐或偶爾多餐的情況，我後來開始進行間接斷食。斷食不是節食，這兩者有極大差異。因為飽足感、無飢餓感，所以撇開三餐要正常吃的桎梏，自然而然不餓不吃，餓了就吃，吃飽不吃撐。

　　我會盡量在 6～8 個小時內吃完當天想吃的食物，把進食的時間集中。到後來甚至有一餐就吃飽，完全不想再用餐的情況，那就隔天才再度進食。但前提都是我吃了足夠多的食物，切記不要怕胖少吃，低醣可以讓你越吃越瘦，絕非餓瘦。

　　常聽到斷食方式有所謂的 16/8、18/6、23/1，也就是代表一天之中 16 個小時空腹，8 個小時中進食；或 18 個小時空腹，6 個小時中可進食；或 23 個小時空腹，1 個小時內用餐完畢。

　　通常空腹時間會包含夜間睡眠時間，而斷食期間我還是會喝水或無糖茶飲，每天喝充足的水分也是很重要的。斷食時間上沒有制式化規定，以不強求、不挨餓、無痛苦的方式執行，隨時可以結束空腹。

　　斷食沒有想像中困難，但是真的無法執行也不代表瘦不下來，這只是另外一種輔助方式，不採取間接斷食就好好的吃低醣餐無妨，千萬不要因此產生壓力。

◀ 放鬆不放縱，擇食不亂食，將低醣飲食融入生活中，就不用擔心外食或聚餐破功。

第 3 階段

學會減醣，不再刻意計算醣質

「健康是一輩子的事，而減重是附加價值。」這是我改變飲食後得到最大的心得，我並不追求要變成瘦巴巴的身材，**擁有健康才是最重要的**。所以現在的我，已經能大致掌握什麼能吃、什麼少吃，不會刻意計算一天吃下多少醣質，也很少檢測是否產生酮體。

我傾向將餐桌上的食材多元化，不會總是吃相同食物，外食時就選擇一些自己平常不常買或不善於處理的食材。聚餐或外食輕鬆擇食即可，挑選醣質相對較低的安全餐點就好，改變飲食不等於限制飲食。如果你過度恐懼澱粉或醣，除了自己累、也會影響同桌進食的人。

也別因為不小心違規吃了一點高醣食物，就冒著豁出去的心態亂吃一通，或是自暴自棄選擇放棄。其實隔天歸零重新再來就好，只要有起步就能前進，開始永遠不嫌太晚。

我自己逢年過節或出國旅遊時，也是會放鬆心情，該吃的吃、想嘗試的就嘗試，然後再幫自己訂立一個收心重來的日子，給自己一些彈性，不要過於惶恐或設限太多。

「隨性不隨便，放鬆不放縱，擇食不亂食。」相信你也可以找到自己的步調，一起輕鬆低醣擇食。

低醣飲食，讓我變瘦逆齡、多年關節炎好轉

小詩／女／40歲／低醣生酮飲食1年10個月／減重11公斤

在執行低醣飲食之前，我知道要多吃好的油脂，並且以先吃肉再吃菜的順序進食，不過因為沒有很認真的執行，似乎也看不出太大的瘦身效果。

當我下定決心要好好戒糖與執行低醣生酮飲食時，發現自己對料理一竅不通。這時因緣際會認識了圈媽，她的飲食分享，讓我瞭解到原來低醣生酮飲食可以這麼生活化。很多人看到我不吃糖／醣，就會說：「那你很多東西都不能吃，好辛苦喔」，我可以告訴大家，其實一點都不苦，我每天都大魚大肉、餐餐吃飽、不餓肚子。因為不吃糖與精製麵粉，我開始照著食譜做低醣甜點，還意外開啟我對於烘焙的興趣。

有個好朋友曾說，如果明知道你吃的東西是對身體不好的，但你還是吃，那不就是自殘嗎？哈！想想也對。低醣飲食是一種生活方式，對我而言，除了達到瘦身效果外，最大的好處是我從小到大全身多發性關節炎大大的好轉。如果你也想了解並執行，非常推薦大家可以看圈媽的這本書，讓你實行低醣生酮飲食之路不孤單，還能一路吃好吃飽吃滿。

▲減醣前：體重破60公斤以上很久了，所以都不喜歡拍全身照。

▲減醣後：身體變得輕盈，外表看起來也跟著逆齡。

終於不用再許下「減肥成功」的生日願望了

小歡／女／ 34 歲／低醣生酮飲食約 1 年 6 個月／減重 35 公斤

　　我從小到大就是肉肉的身材，大家看到胖胖的人都會以為是飲食不節制的關係，但其實相反，我對於想吃的東西根本不敢放縱的吃。每年的生日願望一定會有一個「減肥成功」的位置。歷經了少女時期，到結婚、生子，體重終於來到了無法自欺欺人的數字。我認真的尋找減肥方式，不管運動、節食，甚至不吃，體重就是不下降。其實很難過，因為我真的很努力了。

　　在還沒有進行生酮飲食前，我只吃早餐、午餐，晚餐和點心一律都不吃。在很認真的控制飲食下，還是無法瘦下來，心想自己是否應該認命此生與瘦無緣。直到有朋友帶我認識了生酮飲食，我純粹抱著沒有瘦下來也沒關係，大不了繼續當個健康可愛的胖子也很好的心態試試看，沒想到這次真的只是隨便試試看，體重就一路下降，自己都覺得不可思議。

　　這期間的忐忑大概只有長期處在減肥的人才會懂，因為得來不易所以更加小心翼翼。我很開心在我進行生酮飲食時，認識了很多人並得到幫助，其中一個要特別感謝晴琳（圈媽），當初認識她時，我完全是零廚藝的人，對「生酮」也懵懵懂懂，每天看著圈媽分享的飲食照片，學著搭配、學著讓自己飲食不單一單調，讓我在生酮的路上吃得很開心，一點都沒有像別人說的有飲食倦怠。我快快樂樂的實行生酮飲食滿一年才破戒吃一般飲食，不過老實說，我還是喜歡低醣生酮飲食。我很開心認識晴琳，因為她的無私分享，讓我在這條本來以為會很艱辛的路上變得異常順遂。每天吃得開心又健康，是晴琳傳達給我的觀念，也希望大家也能因為晴琳的書得到啟發喔！

▲減醣前：明明吃東西很節制，卻一直瘦不下來。

▲減醣後：身上的 35 公斤消失了！這輩子從來沒有這麼輕盈過。

跟著圈媽吃低醣料理，一年瘦下28公斤，健檢紅字也消失了

包／女／34歲／低醣生酮飲食1年／減重28公斤

　　從小胖到大，相信是很多人都經歷過的事情，尤其我又是阿嬤養大的孩子（苦笑）。無論花錢、花時間、花體力、磨損健康的減肥方法，除了手術之外，我幾乎都嘗試過了，卻都以失敗收場。

　　在生完小孩後，體重達到人生的高峰（84公斤），一度想放棄自己的身材，就在這個時候很幸運地認識了一群貴人，教我從沒接觸過的飲食方式——生酮飲食，不須挨餓、不用辛苦計算卡路里，完全顛覆了我對健康飲食的觀念。

　　剛接觸生酮飲食，自己看書知道了飲食比例、吃原型食物的重要，但是卻對於如何選擇食物與料理，感覺茫然。這時生酮小廚娘晴琳（圈媽）的出現讓我如獲至寶。她教會我如何選擇外食，還研究了許多低醣減醣料理，讓我學會如何吃得健康，又能享受美食不怕胖。

　　藉由飲食的改變，加上我原本就有的運動習慣，讓我在一年內減了28公斤，健康檢查報告也從許多紅字變成全部正常，是我這輩子送給自己最棒的禮物了。

　　只要照著食譜自己動手，就能做出低醣料理，不僅能滿足自己的口慾，善待身體就能看見好的回饋，這本書絕對可以讓妳驚豔。

▲減醣前：生完小孩後，體重也來到人生的高峰…84公斤。

▲減醣後：一年的低醣生酮飲食，讓我甩掉身上多餘的28公斤。

從生酮到低醣飲食，不再被食物綁架

陳先生／男／30 歲／嚴格生酮 3 個月，低醣飲食 11 個月／減重 18 公斤

　　胖了 20 幾年，腰圍一度超過 90cm，從沒想過自己會瘦下來，曾試過很極端的運動，最後都敗在食慾。運動多，吃得更多，導致體脂從未有效下降。

　　偶然開始生酮飲食，原是希望改善身體易過敏、易疲勞、抵抗力差、常生病等醫生歸咎於體質的問題，其次是吃到飽仍能瘦下來的「副作用」。在嚴格執行生酮三個月後，過敏明顯改善，疲勞問題也得以解決，思考速度明顯提升，最意外的是瘦了 10 公斤。看似一切美好的時候，卻產生許多生酮飲食者都會面臨的疑問：「我要這樣過一輩子嗎？」

　　因生酮而漸無飢餓感，對醣類解除依賴，不再被食物綁架後，解決了「身體的渴望」，卻發現存有「精神上的需要」，看到西瓜、冰淇淋等昔日愛不釋手的甜食，雖可平靜待之，內心卻有一絲懷念，最終因捨不得中斷生酮帶來的效益而避免。

　　直到因緣際會認識圈媽，在得知我的困擾後，依其經驗與我分享，用低醣飲食在「維持生酮效益」、「食物均衡且多樣化」、「滿足食慾」三大環節取得平衡，協助我探討最適合的飲食方式。從她身上學到攝取比例才是根本，身體的醣類容忍值經實驗後，也遠超出我預期，而飲食比例計算的時間單位可從日拉長至周、甚至以月檢視，短時間的高醣便不足為懼，亦可藉此補充其他營養。

　　實踐過程因不安而數次向圈媽尋求經驗分享，如今一年過去，低醣飲食已成為我日常飲食大原則。我不僅沒復胖，開始低醣 4 個月後，體重再減 8kg，體脂亦少 5%，吃的自由、多樣並保持身材及工作專注力，使我不再恐懼醣，只要掌握攝取比例與時間，一切操之在己。偶爾因應酬所無法避免的高醣，也顯得微不足道了。

▲減醣前：89 公斤，過敏、精神差、易疲勞。

▲減醣後：71 公斤。瘦下 18 公斤，精神、身體也變好了。

圈媽的減醣飲食原則

「健康是一輩子的事，而減重是附加價值。」不論你選擇何種飲食方式，如果能懂得擇食，多吃原型食物，避開高醣、加工品的摧殘，其實一樣能感受到身體的變化。

掌握 8 原則，吃飽吃滿不挨餓

我的飲食會盡可能的遵守以下原則：

1. 食物多元化追求營養均衡：避免每天吃一樣的食物，長期可能因偏食造成營養素缺乏。
2. 吃原型食物：可直接看得出食物的原貌、未過度加工的食物，例如各種原塊肉類、蔬菜等等。
3. 攝取好的脂肪：從天然食物而來的脂肪，如堅果、酪梨、奇亞籽、亞麻仁籽、奶油、橄欖油、魚油、椰子油、苦茶油及蛋、肉類脂肪等等。應避免反式脂肪，如植物奶油及氫化植物油
4. 攝取優質蛋白質：如蛋、肉、豆類、藜麥等等。
5. 少量優質澱粉：不經加工、高營養成分與纖維質的原型五穀根莖類，如糙米、藜麥、地瓜、南瓜、蘿蔔等。
6. 大量膳食纖維：各種蔬菜、季節性時蔬。
7. 避免高度加工食品：吃食物不要吃食品，太多人工添加物的食品應避免。如：火鍋料、精緻蛋糕等。
8. 避免含糖食物：精緻糖是最該避免的，收起汽水、糖果、精緻點心。

擇食不節食，挑選低醣好食物的重點

自己烹飪抑或外食打牙祭，「原型食物」跟「少糖」是大方向，越生活化、越少規則，才能無壓力、輕鬆而長遠的執行下去。

究竟該如何挑選食物呢？本書內的食材可在市場、超市、超商、賣場購得，點心部分我會避免囤積太多食材，所以僅以幾種材料做變化，在烘焙材料行或網路都可購入。不需要過度改變你的消費習慣，用最輕鬆、無負擔的方式，開啟低醣生活吧！

▌可以安心享用的低醣食物

種類	特色
蔬菜	低熱量、高纖維,建議大量攝取大葉蔬菜、深色蔬菜、十字花科等季節時蔬,偶爾搭配瓜類、蕈菇或豆莢類。
根莖類	地瓜、南瓜等根莖類作物很健康,但是澱粉含量高需少量食用。
水果	含醣量高需避免,可少量食用低 GI 水果,如莓果類、芭樂、番茄、蘋果、檸檬、酪梨等。
肉類	牛、羊、豬、雞、鴨、鵝、魚、蝦、貝類或動物內臟等,少加工、少添加的原型肉,我會輪流食用,讓營養均衡。
脂肪	奶油、橄欖油、苦茶油、椰子油是很好的來源,其他如豬油、鵝油、酪梨油、亞麻仁油、紫蘇油、魚油等也是天然好油脂。
蛋類	雞蛋、鴨蛋、鳥蛋
奶類	起司、鮮奶油、牛油、酸奶、希臘優格或少許全脂乳製品。
豆類	納豆、天貝、少量的豆腐、無糖豆漿。
堅果	如夏威夷豆、核桃、胡桃或巴西堅果與杏仁果。
巧克力	選擇 70% 以上的黑巧克力,才能享受天然抗氧化物並避免過多糖和人工添加物。
酒精	選擇無糖烈酒類,例如威士忌、白酒,但僅能少量飲用。
調味料	海鹽、玫瑰鹽、胡椒、無糖醬油、香草類。

▊ 避免食用高醣危險食物

種類	特色
糖	精緻糖是造成肥胖的原因之一。人造代糖如阿斯巴甜,雖然低熱量,但會造成肥胖、代謝等問題。
精緻澱粉	如麵食、白飯、麵包、麥片、糕點。
市售飲料	果汁、添加人工甜味劑的飲料。
水果乾	即使天然,醣份卻很高。
零食	如市售餅乾、點心。

▊ 替代食材

種類	可替代食材
米飯	蒟蒻米、杏鮑菇切碎、白花椰菜切碎,少量糙米或藜麥。
麵條	蒟蒻麵、海藻麵、櫛瓜刨絲、小黃瓜刨絲、杏鮑菇刨絲。
麵粉	烘焙杏仁粉、椰子粉、亞麻仁籽粉、黃豆粉。
糖份	赤藻醣醇、羅漢果糖、甜菊糖。
太白粉	洋車前子粉、寒天、秋葵。
飲料	無糖氣泡水、無糖茶、黑咖啡、無糖可可、檸檬水。

如何計算食物含醣量？

低醣飲食其實不是嚴格限制所有醣分，而是希望藉由更少的攝取「淨碳水化合物」（淨碳水化合物＝總碳水化合物－膳食纖維。食材選擇上以「淨碳水化合物」低者為佳）來使身體更健康。減少單糖與雙糖的攝取，但多醣類纖維質蔬菜則可適量攝取。

一開始進入低醣飲食時，往往對於各種食物的含醣量不甚熟悉，挑選食材可能會很茫然，利用網路查閱是個快速上手的好方法，一段時間後就能快速搭配、取捨。

我習慣使用衛生服務部食品藥物管理署的「FDA 食品營養成份資料庫」查詢，輸入關鍵字就能查閱食材的營養成分，十分方便。

網址：https://consumer.fda.gov.tw/Food/TFND.aspx?nodeID=178

手機掃描進入：

Step 1 │ 進入查詢首頁

進入「食品營養成分查詢」首頁。

Step2 | 輸入食物名稱

在「關鍵字」的欄位裡，輸入欲查詢的食物名稱。

Step3 | 成分分析

可看到每 100g 的食物裡，熱量、蛋白、脂肪、總碳水化合物等成分的含量。

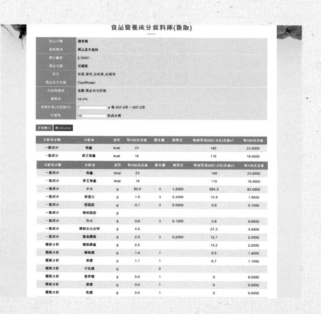

Step4 自行算出「淨碳水化合物」

由上表可知，100g 的花椰菜，內含的「淨碳水化合物」＝「總碳水化合物」－「膳食纖維」＝ 4.5g － 2g ＝ 2.5g

圈媽吃飽吃滿 ×
日日減醣料理示範

　　我日常飲食不大會去精算脂肪的攝取量，主要是控制並壓低淨碳水量，吃足蛋白質，還有大量膳食纖維（要吃飽，足以撐到隔餐甚至隔天）。通常我一餐會吃 150 ～ 200g 富含油脂的肉、1 ～ 2 盤的蔬菜，使用 10 ～ 30ml 的烹飪用油（每個人食量不同，很難明定標準用量）。

　　烹飪油品我以椰子油、橄欖油、苦茶油為主，鵝油、奶油和酪梨油為輔，會固定補充魚油。外食就比較隨意，並不會刻意攜帶油品，也沒有過水淋油。

　　我通常早上起床不大餓，會省略早餐或是只喝黑咖啡。現在已經能控制吃的食物與分量，所以在中餐和晚餐也不大會精算醣質，反而會以多樣化食材為主，吃到讓自己覺得有七、八分的飽足感。

　　以下餐點，就是圈媽的日常減醣餐，餐盤上的菜色盡可能的多元、多變，可以品嘗到各種食物美味，更能執行長久而不感到厭倦，更重要的是可以攝食到不同營養。

● ：代表 1 種蔬菜　　　　　● ：代表 1 種肉類
● ：代表 1 種豆／蛋類　　　● ：代表 1 種水果類　　　● ：代表 1 種海鮮類

| DAY 1 | 減醣午餐 | 減醣晚餐 |

減醣午餐	減醣晚餐

減醣午餐	減醣晚餐

減醣午餐	減醣晚餐

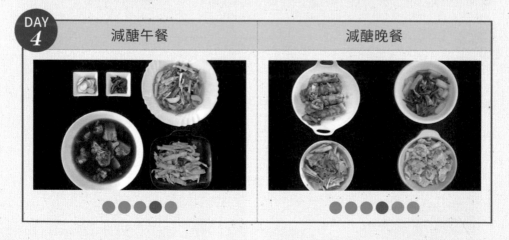

DAY 5	減醣午餐	減醣晚餐

●●●●● ●●●

DAY 6	減醣午餐	減醣晚餐

●●●●●●● ●●●●●

DAY 7	減醣午餐	減醣晚餐

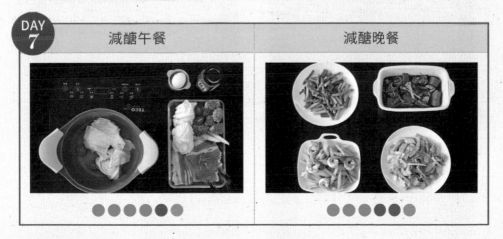

●●●●●● ●●●●●●

●：代表 1 種蔬菜　　●：代表 1 種肉類
●：代表 1 種豆／蛋類　●：代表 1 種水果類　●：代表 1 種海鮮類

<table>
<tr><td>DAY
8</td><td>減醣午餐</td><td>減醣晚餐</td></tr>
</table>

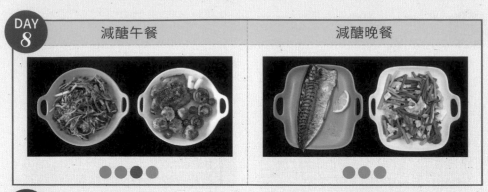

<table>
<tr><td>DAY
9</td><td>減醣午餐</td><td>減醣晚餐</td></tr>
</table>

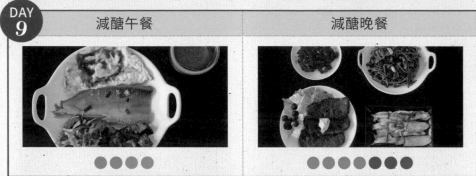

<table>
<tr><td>DAY
10</td><td>減醣午餐</td><td>減醣晚餐</td></tr>
</table>

<table>
<tr><td>DAY
11</td><td>減醣午餐</td><td>減醣晚餐</td></tr>
</table>

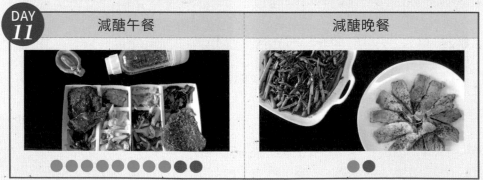

DAY **12**	減醣午餐	減醣晚餐

午餐：●●●●● 晚餐：●●●●●

DAY **13**	減醣午餐	減醣晚餐

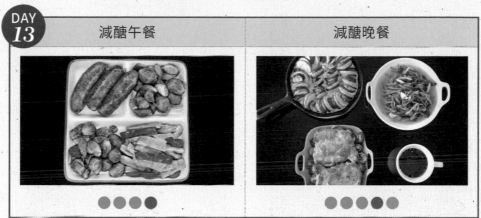

午餐：●●●● 晚餐：●●●●●

DAY **14**	減醣午餐	減醣晚餐

午餐：●●●●● 晚餐：●●●

●：代表 1 種蔬菜　　●：代表 1 種肉類

●：代表 1 種豆／蛋類　　●：代表 1 種水果類　　●：代表 1 種海鮮類

外食不煩惱，挑對食物放心吃

在進行低醣飲食時，難免會有一些親友聚餐約會，這時不必覺得為難，放寬心不要有壓力，照著低醣擇食的原則，挑選自己可以吃的食物，一樣能夠開心交際，也不會讓身邊的人感到困擾。

出門在外，不一定要大包小包攜帶自製便當或補給食品，從一般店家擇食，還是能找到能讓我們安心、順利飽餐的餐點。

我的外食餐點

■ 便利商店

可以選擇溏心蛋、茶葉蛋、肉類製品、沙拉不加醬、氣泡水、無糖茶或咖啡、無糖豆漿、無調味堅果、無糖優格、少許地瓜等等。

■ 簡餐店 / 速食店

烤雞、肉類、炸雞剝掉外層裹粉、生菜不加醬、起司、咖啡、無糖綠茶。

■ 小吃店、麵攤

燙青菜、海帶、滷蛋、肉類、湯品。

▌自助餐

各種葉菜類、十字花科蔬菜、裹粉少的肉類、蒜泥白肉、煎魚等等。

▌火鍋店

避免加工火鍋料，以肉類與蔬菜為主，選擇天然無糖的湯底或更換為開水，搭配無糖飲料。

▌燒烤店

選擇肉類、魚蝦貝類、各種蔬菜、無糖飲料、咖啡等等。

▌日式料理、西餐

選擇肉類、魚蝦貝類、蔬菜類、蛋類等等。

▌夜市

可選擇鹹水雞、滷味攤等，購買肉類、蛋類、蔬菜類，搭配無糖茶。少量草莓、芭樂或烤地瓜。

▌早餐店

美式早餐店可以選擇肉片、起司、雞蛋、生菜等等；中式早餐店可以選擇無糖豆漿、荷包蛋或肉類與蔬菜。

常見問題，快速解答

Q1 | 遇到聚餐與應酬時，該怎麼辦？

　　低醣、擇食其實不會因外出或外食受到限制，可預先上網查詢聚餐地點的菜單，從中挑選適合的菜色。或是選擇含醣量較低的料理，即使避免不了、非吃不可也無妨，當作給自己放個假，輕鬆愉快的用餐，隔天或是下一餐再做調整就好，別因此影響人際關係。

Q2 | 我都沒有變瘦，是不是不適合低醣飲食？

　　如果醫師判斷你不適合或不應該執行，切勿勉強進行。如果只是單純因體重沒有明顯變化，可先測量體圍，畢竟體態與體重不一定成正比，或許你衣服已鬆了許多。

　　若是你已在標準體重的範疇，即使你仍不滿意，但是身體感受到健康與舒適，那麼體重自然很難再往下修正。

　　如果，以上皆非的話，請再檢視一下攝取的食物是否均衡、沒有偏食。身體燃燒脂肪需要許多營養素，建議食材輪替，避免挑食，以免營養素缺乏，造成其他不好的影響。

Q3 | 我該如何搭配食物？

　　本書中有不少食譜是菜肉組合，基本上有好的油脂、蛋白質，再搭配大量膳食纖維，不必對每一餐斤斤計較，你可以在兩餐、甚至三餐之中做調整，開心吃、適度放鬆也是很重要的。

Q4 | 真的都不能吃水果嗎？

如果不是執行嚴格的生酮飲食，水果還是可以挑著吃、少量吃。選擇時請確認含醣量，挑選甜度低的當季水果，例如：酪梨、檸檬、藍莓、黑莓、草莓、櫻桃、蘋果、棗子等等。

Q5 | 低醣飲食會不會很容易復胖？

不管你選擇什麼樣的飲食方式，都不代表你不會復胖，但是是可以避免的。如果你因為低醣而瘦身成功後，立刻回復過去的飲食習慣，那麼當初因為高碳水化合物而囤積脂肪的你，自然會再次打回原形。

好好選擇食物，偶爾放鬆解禁無妨，但是低醣與原型食物永遠是對身體與健康最好的選擇。

Q6 | 想吃零食、甜點怎麼辦？

無調味堅果、成分單純的海苔、起司、70% 以上的巧克力、希臘優格、無糖優格，或者少量的低 GI 水果，如芭樂、莓果類，都是不錯的選擇。

如果還是不能滿足，本書內的點心食譜是很好操作的替代品，從餅乾、蛋糕，到傳統飲食的湯圓、酸辣湯、生煎包，都是我為了解饞而自行製作的點心，其實無需忍耐以免壓力產生而沮喪、反彈。

Part1

肉料理

MEAT

集結雞鴨牛豬等肉類料理，
或烤或煎或炒，涼拌、熱炒、燉湯，
餐餐皆可變換不同吃法，
低醣/減醣飲食，
也可以享受到美味料理。

低醣鹹酥雞

自製低醣鹹酥雞,以烘焙用杏仁粉取代麵粉,並利用去味椰子油製作。去味椰子油以熱壓製成,無椰味、不影響菜餚風味,發煙點約200度,比冷壓萃取油更適合用於高溫烹調。部分超市,大型賣場或網路皆可購得。

30 分鐘

2 人份

材料　　　　　　　　　 作法

去骨雞腿 ··············· 1 支，約
200g（切丁）
九層塔或蔥珠 ········ 適量
去味椰子油 ··········· 大量

醃料

無糖醬油 ··············· 15g
米酒 ························· 少許
蒜泥 ························· 少許
玫瑰鹽 ···················· 適量
胡椒粉 ···················· 適量
孜然粉 ···················· 適量
薑黃粉 ···················· 少許或省略

粉皮

黃豆粉或烘焙杏仁粉 ··· 適量
起司粉 ···················· 適量
胡椒粉 ···················· 適量

1. 將「醃料」材料混合均勻。

    加入薑黃，不僅有抗氧化、抗發炎，以及
   促進代謝的功效，還可增添風味與色澤。

2. 雞腿肉塊先用醃料抓醃均勻，放入冰箱冷藏
   半小時以上或靜置一夜。

3. 「粉皮」材料拌勻後，將雞肉均勻壓按上
   粉，並靜置回潮，避免煎炸時粉皮掉落。

4. 起油鍋以中火加熱，放入雞肉塊。雞肉放入
   後不要頻繁翻動以免掉粉。呈現金黃色時，
   轉大火逼油起鍋，撒上九層塔或蔥珠即可。

    當油出現油紋時丟一小塊粉塊測試，周圍
   冒出許多氣泡時就可開始油炸。

淨碳水化合物	[脂肪]	[熱量]	[膳食纖維]	[蛋白質]
6.4g	**19**g	**286**kcal	**0.8**g	**21.5**g

香煎雞腿排

雞腿排在圈媽家一周至少現蹤一次，皮酥脆、肉軟嫩，大人小孩都搶食。煎雞腿排步驟簡單但需要耐心，可同時在鍋邊煎耐煮蔬菜，如花椰菜、玉米筍、櫛瓜或球芽甘藍，菜肉一鍋解決。

20 分鐘

1 人份

材料

 作法

去骨雞腿 ········ 1支，約200g
苦茶油 ··········· 10g
玫瑰鹽 ··········· 適量
黑胡椒 ··········· 適量
香蒜粉 ··········· 適量
義式香料 ········· 適量

1. 雞腿排擦乾，抹上調味料大略醃一下。

 雞腿排務必擦乾，才能煎出酥脆表皮，也避免油爆。

2. 開中火讓鍋熱油熱後，將雞皮朝下放入鍋中，耐心煎至雞皮呈現金黃香酥再翻面。

3. 將雞腿煎至全熟，起鍋盛盤。

 可依個人喜好加入小番茄、檸檬片、迷迭香葉等裝飾以豐富視覺及氣味。

淨碳水化合物	[脂肪]	[熱量]	[膳食纖維]	[蛋白質]
0g	27.4g	403kcal	0g	37g

薑黃無骨腿排

20 分鐘

1 人份

薑黃素為脂溶性，與油脂一起烹煮能提高吸收率，胡椒鹼
亦可提高薑黃素的吸收率，所以別忘了加點黑胡椒唷！可
以視個人喜好，搭配小番茄、玉米筍等配菜，豐富口感與
滋味。

材料

去骨雞腿 ……… 1 支，約 200g
玫瑰鹽 ………… 適量
黑胡椒 ………… 適量
蒜末 …………… 適量
薑黃粉 ………… 適量

作法

1. 雞腿排擦乾，均勻抹上鹽、胡椒、蒜末、薑
   黃粉，放入冰箱冷藏半小時或靜置一夜。

2. 開中小火，將雞皮朝下，耐心煎至雞皮香酥
   後翻面。將雞腿煎至全熟，即起鍋盛盤。

淨碳水化合物	[脂肪]	[熱量]	[膳食纖維]	[蛋白質]
0 g	**35** g	**630** kcal	**0** g	**37** g

烤雞翅

20 分鐘

1 人份

在圈媽尚未開始減醣飲食前，很喜歡甜甜的蜜汁類醬料，但是現在反而覺得鹹香的古早味料理特別吮指回香，也更為健康。這個醬汁也可用作為其他肉類的醃醬，不只烘烤，油煎也很好吃。

材料

雞翅 ·············· 5 支，約250g

醃料

無糖醬油 ········ 30g
米酒 ·············· 少許
蒜頭 ·············· 2 瓣（切末）
胡椒粉 ·········· 適量
五香粉 ·········· 適量
義式香料 ········ 適量

作法

1. 雞翅放入密封袋加入「醃料」搖勻，冷藏2小時或放置一晚。

    Tip 用叉子把雞皮戳洞，可幫助入味。

2. 烤箱以170度預熱。

3. 將雞翅連同醃料放入烤皿中，使用烤箱烘烤20分鐘就完成了。

淨碳水化合物	[脂肪]	[熱量]	[膳食纖維]	[蛋白質]
0g	**42**g	**573**kcal	**0**g	**45.2**g

羅勒烤雞腿

這道烤雞腿雖然需要較長時間烘烤，但只要花個10分鐘備料再放入烤箱，就可以做其他事情了，是我忙碌時又能優雅上菜的小撇步。

60 分鐘

4 人份

材料

 作法

大雞腿 ………… 4 支，約 520g
甜椒 ……… 2 顆，約 340g（切塊）
蒜頭 ………… 數瓣
九層塔 …… 1 大把，約 30g（切碎）
橄欖油或奶油 … 40g
玫瑰鹽 ………… 適量
黑胡椒 ………… 適量
紅椒粉 ………… 適量

1. 雞腿水分擦乾，均勻抹上大量油與鹽、胡椒、紅椒粉，排列入烤皿。

2. 將甜椒塞滿烤皿空隙或墊在雞腿下方，放上蒜頭與一部分九層塔，淋上橄欖油。

 Tip　耐烤蔬菜可自行更換或省略，淋上油脂可避免烤焦。

3. 烤箱先行預熱至175度，將雞腿放入烘烤50～60分鐘，出爐後撒上預留的九層塔就完成了。

 Tip　每台烤箱脾氣不同，可自行調整烤溫與時間。

　若怕雞皮烤焦，可於上色後覆蓋鋁箔紙。

淨碳水化合物	[脂肪]	[熱量]	[膳食纖維]	[蛋白質]
5g	**24**g	**341** kcal	**1.7**g	**24**g

起司春川炒雞

自從去韓國旅遊回來之後,就對於這道「起司春川炒雞」念念不忘,所以自己動手改良了一下。吃膩家常菜色時,偶爾來個異國料理也很不錯呢!

15 分鐘

2 人份

淨碳水化合物
11.2 g

[脂肪]
28 g

[熱量]
457 kcal

[膳食纖維]
5 g

[蛋白質]
37.6 g

材料

去骨雞腿	1 支，約 200g
洋蔥	1/4 顆，約 60g（切絲）
綠葉蔬菜	約 100g（切段）
玉米筍或其他蔬菜	約 100g（切段）
甜椒	1/2 顆，約 90g（切丁）
青蔥	1 根（切末）
起司絲	1 碗，約 120g
韓式泡菜	1 碗，約 100g
橄欖油	10g

調味

玫瑰鹽	適量
胡椒粉	適量
辣椒粉	適量
香蒜粉	適量

作法

1. 鍋內加橄欖油，去骨雞腿皮朝下，以中小火煎至兩面表皮呈現金黃香酥。

2. 取出雞腿並剪成適口大小，加入「調味」材料並翻炒至熟。

3. 放入甜椒、玉米筍、洋蔥拌炒一下。

 煎雞腿時會冒出非常多油，千萬不要害怕而倒出來，很天然健康的油脂，是美味吮指的關鍵。

4. 再放入易熟青菜、泡菜快速拌炒。

 蔬菜種類可自行更換。

5. 撒上起司絲拌炒融化就完成了。

涼拌雞絲

炎熱夏季食慾不振時，總會讓我想做這道開胃又美味的涼拌雞絲。可以搭配當季各式蔬菜，製作成清爽的雞絲沙拉。

15 分鐘

1 人份

淨碳水化合物	[脂肪]	[熱量]	[膳食纖維]	[蛋白質]
1.2g	**11**g	**222**kcal	**2.9**g	**26**g

材料

雞胸肉 ············ 100g
青蔥 ············ 1支,約15g(切絲)
小黃瓜 ········ 1條,約150g(切絲)
辣椒 ········ 1條,約5g(去籽切絲)
香菜 ············ 少許(剁碎)

無糖醬油 ········ 10g
玫瑰鹽 ············ 1g
醋 ············ 5g
椰子油 ············ 10g
胡椒粉 ············ 適量

 作法

1. 將雞肉放於滾水中煮2分鐘
   後熄火,再加蓋燜5分鐘。

    如雞肉較厚則悶煮時間需
   增加。

1

2. 雞肉靜置放涼後撕成絲狀。

    可將煮熟的雞肉放在平
   盤,用叉子刮撕成雞絲。

2

3. 將雞絲與所有食材、調味
   料拌勻就完成了。

    油品可依喜好自行替換。

3

無骨腿肉烤時蔬

將雞肉分切成一口大小的雞丁，並將配菜也處理成相近大小，不僅可幫助食材均勻受熱，視覺上也更為美觀。球芽甘藍可自行更換為花椰菜、甜椒、小黃瓜、青椒或玉米筍等耐烤蔬菜。

20 分鐘

1 人份

材料

去骨雞腿 … 1支，約200g（切丁）
球芽甘藍 … 約220g（對切）
橄欖油 ……… 30g
海鹽 ………… 適量
黑胡椒 ……… 適量
香蒜粉 ……… 適量
義式香料 …… 適量
起司粉 ……… 適量

作法

1. 將去骨雞腿切或剪成小塊。

2. 烤箱預熱至180度。

3. 將雞丁、球芽甘藍放入烤皿並拌入黑胡椒、香蒜粉、義式香料，刷上橄欖油。

4. 將烤皿放入烤箱烘烤20分鐘。

 沒有烤箱也可用平底鍋拌炒完成喔！

5. 出爐後撒上起司粉即完成。

淨碳水化合物	[脂肪]	[熱量]	[膳食纖維]	[蛋白質]
3.7g	**50**g	**668**kcal	**4.6**g	**45**g

無糖三杯雞

九層塔含有豐富維生素A、C、磷及鈣質，對於改善血液循環，增強免疫系統有很好的功效。偶爾想嚐嚐重口味料理時，三杯熱炒是極佳的選擇。

20 分鐘

1 人份

材料

切塊雞腿肉 …… 250g
薑片 …………… 7 片，20g
蒜頭 …………… 5 瓣，20g
蔥段 …………… 少許，40g
辣椒 …………… 1 根（切段）
無糖醬油 ……… 30g
米酒 …………… 適量
九層塔 ………… 1 把，30g
麻油 …………… 30g

作法

1. 鍋內倒入麻油，將雞腿肉煎至七分熟盛起備用，鍋內放入薑片，小火焗至薑片蜷曲後放入蒜頭、蔥白爆香。

 利用雞腿皮釋放出的油脂，焗出的雞油讓料理的香氣更足。

2. 再放入雞肉、蔥綠、辣椒和無糖醬油拌炒均勻，嗆入米酒，稍微收汁後調整鹹度。

3. 雞肉熟透後，熄火加入九層塔翻拌起鍋。

淨碳水化合物
8.4 g

[脂肪]
50 g

[熱量]
690 kcal

[膳食纖維]
3.7 g

[蛋白質]
51 g

黑蒜頭蛤蠣雞湯

黑蒜頭是新鮮大蒜自然發酵而成，以低溫熟成的方式製作，可讓辛辣味消失，並帶有獨特的焦糖甜味，據說養生保健效果更好。軟軟微甜的口感更適合老人與小孩等不喜大蒜刺激味的人食用。使用一般白蒜頭亦可，風味各有不同。

30 分鐘

1 人份

材料

 作法

雞腿 ……………… 1 支，約 200g
黑蒜頭 …………… 1 顆，約 20g
蛤蠣 ……………… 1 把，約 100g
青蔥 ……………… 1 支
薑片 ……………… 2 片
玫瑰鹽 …………… 適量
開水 ……………… 適量

1. 雞腿、蔥白、薑片、蛤蠣與黑蒜頭放入鍋中，加入淹過食材的開水。

2. 放入電鍋，外鍋加入1杯水，等開關跳起再依個人喜好加鹽調味，並加入蔥綠。

 Tip 沒有電鍋也可用瓦斯爐烹煮喔！

淨碳水化合物
7.5g

[脂肪]
18g

[熱量]
378kcal

[膳食纖維]
1.2g

[蛋白質]
46g

嫩煎鴨胸

雞肉吃膩的時候，鴨胸也是不錯的選擇。酥脆的外皮搭上軟嫩肉質，再利用煎鴨胸逼出的鴨油炒一盤蔬菜，就可在家享用美味高檔料理。

30 分鐘

4 人份

材料　　鴨胸肉 ………… 2塊，約300g
　　　　玫瑰鹽或海鹽 … 適量

 作法

1. 將鴨胸皮切十字紋，在兩
   面抹上玫瑰鹽並靜置5分
   鐘。

   Tip 如鴨肉較厚則醃製時間需
   增加。

1

2. 將皮朝下，以中小火煎約
   10分鐘或至表面呈金黃酥
   脆，翻面再煎5分鐘。

3. 將側邊各煎2分鐘，起鍋靜
   置5分鐘後再切片享用。

   Tip 靜置一會兒可幫助肉汁吸
   回鴨胸中，吃起來更鮮嫩
   多汁。

2

3

淨碳水化合物 10.5g	[脂肪] 39g	[熱量] 255kcal	[膳食纖維] 0g	[蛋白質] 37.5g

彩椒油封鴨腿

油封鴨可自製或使用罐頭，罐頭已有鹹度所以不需佐料調味，較為方便。如想自製油封鴨也可以參考 p.57的作法。

10 分鐘

4 人份

淨碳水化合物

9.6g

[脂肪]

30g

[熱量]

374kcal

[膳食纖維]

2.5g

[蛋白質]

18g

材料

 作法

油封鴨腿 ········ 2 支，約 480g
青椒或小黃瓜 ····· 1～2 個，約
180g
紅甜椒 ········· 1 個，約 180g
黃甜椒 ········· 1 個，約 180g

1. 鍋內放少許鴨油，鴨腿皮朝下煎酥，鍋邊放入彩椒一起煎煮。

2. 待彩椒軟化，用鍋鏟切碎鴨腿，大略拌炒均勻即可。

 油封鴨多餘的鴨油可另外炒菜，不要丟棄。

可加入鴻禧菇、雪白菇或其他蔬菜，也相當美味。

自製油封鴨腿

120 分鐘

2 人份

 材料

鴨腿 ········· 2 支，約 480g
蒜頭 ········· 6 瓣
橄欖油 / 鴨油 / 鵝油
··········· 500ml

醃料

海鹽 ········· 大量
黑胡椒 ········ 適量
義式香料 ······ 適量

 作法

1. 常溫鴨腿抹上海鹽、黑胡椒和義式香料，密封冷藏醃漬2天。

2. 將鴨腿上的醃料撥掉並擦乾，放進厚鍋具（如鑄鐵鍋），加入蒜頭與淹過鴨腿的油量。

3. 以小火低溫慢慢燉煮2小時以上，至肉縮小露出腿骨即可。

 也可以使用烤箱，以 100 度烘烤 3～8 小時，一樣露骨即可置涼。

放涼後可分裝冷凍保存，食用前煎至鴨皮焦香或以烤箱烘烤回溫。

鴨油可置涼後另外裝瓶做食用油使用。

低醣蒼蠅頭

15 分鐘

1 人份

韭菜所含的膳食纖維可促進腸胃蠕動，還富含鐵與葉綠素，能改善貧血。簡單又零失敗的料理，常常一上桌就被秒食完畢。

材料

絞肉 ……………… 100g
韭菜花 ……… 1 把 (切末)，約 130g
蔭豉 …………… 約 20g
嫩薑 ……………… 2 片 (切末)
辣椒 …………… 1 根 (去籽切末)
白胡椒 ………… 適量
橄欖油 ………… 20ml

作法

1. 韭菜花去除根段老化過硬部位，剩餘切末，將較粗硬處，與末端細軟部分分開。

2. 起油鍋，將絞肉先炒香，肉香飄出就可加入薑末稍微拌炒幫助去腥。

3. 加入蔭豉翻炒，讓絞肉跟蔭豉混合均勻，拌炒至絞肉上色。

4. 放入韭菜花較粗硬部分，硬梗略軟化時，加入剩餘韭菜花及辣椒拌炒。

5. 待韭菜熟軟時，加入大量白胡椒翻炒即可盛盤。

淨碳水化合物	[脂肪]	[熱量]	[膳食纖維]	[蛋白質]
1.8g	**35**g	**411**kcal	**3.1**g	**20.8**g

水蓮炒肉絲

10 分鐘

2 人份

以細細長長的水蓮和豬肉絲，拌炒出家常好滋味。水蓮的熱量比一般蔬菜低，但所含的膳食纖維、鉀、鎂等營養素豐富，有消水腫的效果呢！

材料

豬肉絲 ………… 150g
水蓮 …………… 200g（切段）
木耳 ……… 1 朵，約 30g（切絲）
紅蘿蔔絲 ……… 少許
洋蔥絲 ………… 少許
蒜頭 …………… 1 瓣（切片）
玫瑰鹽 ………… 適量
橄欖油 ………… 20ml

作法

1. 起油鍋爆香蒜片、洋蔥，接著加入肉絲、木耳和紅蘿蔔炒至八分熟。

2. 放入水蓮，撒上鹽調味並幫助軟化，大火快炒至熟。

 水蓮飽含水分，所以必須大火快炒才能維持爽脆度。

淨碳水化合物	[脂肪]	[熱量]	[膳食纖維]	[蛋白質]
3g	13g	421 kcal	4g	36.6g

孜然五花

10 分鐘

1 人份

五花肉肥瘦相間，能提供優質蛋白質和必需的脂肪酸。肥肉遇熱容易化開，瘦肉則是久煮不柴，能帶來豐富又滿足的口感。

材料

五花肉 ⋯⋯⋯ 1 條，約150g（切塊）

醃料

無糖醬油 ⋯⋯⋯ 20ml
米酒 ⋯⋯⋯⋯ 1 瓶蓋
蒜末 ⋯⋯⋯⋯ 少許

調味

孜然粉 ⋯⋯⋯ 適量
黑胡椒 ⋯⋯⋯ 適量

作法

1. 五花肉用「醃料」材料醃漬30分鐘。
2. 以中小火將五花肉塊煎至呈金黃色澤。
3. 撒上調味的孜然粉、黑胡椒就完成了。

淨碳水化合物

1.1g

[脂肪]
51g

[熱量]
575kcal

[膳食纖維]
0g

[蛋白質]
26g

青椒炒肉片

不是圈媽在說，這道菜真的只要10分鐘就能上桌。簡單、快速，廚藝新手也能成功，這道料埋絕對能帶給你無比的信心！

10 分鐘

1 人份

材料

五花肉片 ………… 150g
青椒 ……… 1 顆（去籽切適口大小）
椰子油 ………… 20ml
孜然粉 ………… 適量
玫瑰鹽 ………… 適量
香蒜粒 ………… 適量

作法

1. 起油鍋放入肉片煏焦香後推到鍋邊。

2. 放入青椒、全部調味料炒軟，覺得太乾叩加少量水。

3. 翻拌均勻即可上桌。

 青椒含有青椒素及維生素 A、B、C、β 胡蘿蔔素等，營養價值高，具有促進消化、幫助脂肪代謝等功效。維生素 C 含量是番茄含量的 7～15 倍，在蔬菜中占首位。

淨碳水化合物	[脂肪]	[熱量]	[膳食纖維]	[蛋白質]
2.8g	**71**g	**748**kcal	**2.1**g	**22.6**g

椒鹽松阪豬

20 分鐘
2 人份

很多人都覺得圈媽怎麼這麼會做菜,可以做出外面餐館的菜色,其實…我只是愛吃而已,哈哈。這道椒鹽松阪豬是日式料理店的人氣菜,我將它稍微改良、簡單呈現。

材料

松阪豬 ………… 350g
青蔥 ………… 1 支
玫瑰鹽 ………… 適量
黑胡椒 ………… 適量

作法

1. 松阪豬洗淨擦乾水分。

2. 熱鍋放入整塊松阪豬乾煎,以中火煎到雙面金黃熟透。

3. 置涼後逆紋斜切成片狀擺盤,加上青蔥裝飾,撒上胡椒、鹽就很美味了。

 Tip 豬肉一定要煮到全熟,逆紋切口感較佳。

淨碳水化合物 1.5g	[脂肪] 40g	[熱量] 498kcal	[膳食纖維] 0g	[蛋白質] 30g

菠菜豬肝

15 分鐘

2 人份

豬肝富含蛋白質、維生素A、維生素B群、鐵、鈣、磷等營養素；而菠菜含豐富維他命C、胡蘿蔔素、蛋白質、礦物質、鈣、鐵等，利用兩樣食材就能吃入滿滿營養素。

材料

豬肝 ………… 150g（切片）
菠菜 ………… 300g（切段）
蒜頭 ………… 2 瓣（切片）
玫瑰鹽 ……… 適量
無糖醬油 …… 10ml
椰子油 ……… 20ml

作法

1. 豬肝洗淨用醬油醃10分鐘，再汆燙瀝乾。

2. 起油鍋爆香蒜片後拌炒波菜。

3. 加入豬肝拌炒至熟，加鹽調味後即可盛盤。

淨碳水化合物	[脂肪]	[熱量]	[膳食纖維]	[蛋白質]
3.5g	**13.5**g	**211**kcal	**3**g	**20**g

筍絲控肉

軟嫩彈牙的三層肉配上酸脆爽口的筍絲，這道古早味十足的筍絲控肉是圈媽的心頭好，家庭聚會或宴客也很體面。

70 分鐘

4 人份

材料

五花肉 ············ 600g（切塊）
筍絲 ············ 300g
水 ············ 1000ml
無糖醬油 ········ 200ml
米酒 ············ 30ml
薑片 ············ 3 片
蒜頭 ············ 5 瓣
青蔥 ············ 2 枝
滷包 ············ 1 個

作法

1. 筍絲浸泡數分鐘後清洗瀝乾。

2. 五花肉放入乾鍋煎至表皮呈金黃色，嗆入米酒、醬油，再加入筍絲拌炒上色。

    Tip 三層肉先煎過比較能保持形狀，不會裂開。

3. 加入所有食材煮滾之後，加蓋以小火慢燉60分鐘。

淨碳水化合物	[脂肪]	[熱量]	[膳食纖維]	[蛋白質]
2g	51g	612kcal	2g	33g

蔥肉餅

圈媽很喜歡以絞肉製作料理，總是能帶來多樣化的可能。
此絞肉餡用途很多，也可捏肉丸煮湯，或做烤肉丸等。

20 分鐘

3 人份

材料

豬絞肉 ………… 300g
雞蛋 …………… 1 顆
洋蔥 ……… 1/4 顆，約50g（切末）
蒜頭 ………… 2 瓣（切末）
青蔥 ………… 2 支（切末）
帕瑪森起司粉 … 10g
玫瑰鹽 ………… 3g
五香粉 ………… 適量
黑胡椒 ………… 適量
無糖醬油 …… 20ml
橄欖油 ………… 10ml
高粱酒 ………… 10ml

作法

1. 以分量外的油起油鍋，放入洋蔥末跟蒜末一起炒軟後盛起放涼。

2. 將所有材料放置調理盆，順時針攪拌或稍微摔打，讓絞肉產生黏性。

3. 用手捏成緊實球狀，再壓扁塑形。

4. 以分量外的油起油鍋慢煎成型再換面，將兩面煎熟即可。

淨碳水化合物	[脂肪]	[熱量]	[膳食纖維]	[蛋白質]
3g	**20**g	**299**kcal	**0.4**g	**24**g

蔥爆豬肉

蔥爆豬肉是一道經典台菜，常見做法都會加糖並裹粉抓醃，但這道工序不適合低醣飲食，圈媽改變作法，利用快熟的薄豬肉片，讓肉停留在熱鍋的時間縮短，利用油脂快炒減少肉汁流失，使這道傳統料理因新手法而保留美味。

10 分鐘

1 人份

材料

五花肉片 ……… 200g
青蔥（切段）… 3 支
橄欖油 ………… 10g
高粱酒 ………… 5g
無糖醬油 ……… 15g
五香粉 ………… 適量
玫瑰鹽 ………… 適量

作法

1. 起油鍋放入豬肉片炒至變色，放入蔥白爆香。

2. 肉片煸至焦香時，鍋邊嗆入高粱、醬油。

 高粱酒作用在於去腥，也可以不加。

   因使用五花薄片火候不必太大，煸至微焦香氣即可。

3. 加入鹽、五香粉調味，再加蔥綠拌炒至蔥稍微軟化即成。

淨碳水化合物	[脂肪]	[熱量]	[膳食纖維]	[蛋白質]
2.4g	**78**g	**858**kcal	**0.8**g	**34**g

醬滷豬蹄

很多人都會問，減醣飲食怎麼吃？有什麼菜是不能吃的嗎？其實很好判斷，只要將料理中「危險」成分拿掉即可。像這道滷豬蹄就是把正統作法裡的冰糖拿掉，再以蔥、薑等辛香料帶出香氣，就能輕鬆減糖。

70 分鐘

4 人份

材料

豬腳 ············· 700g
青蔥 ············· 2 根（切段）
蒜頭 ············· 6 瓣
薑片 ············· 2 片
辣椒 ············· 1 根（切段）
無糖醬油 ········ 100ml
紹興酒 ········· 40ml
鹽 ·············· 適量
水 ·············· 適量
橄欖油 ········· 適量
滷包 ············· 1 個

作法

1. 豬腳洗淨、汆燙後擦乾並拔毛，抹上些許鹽與酒（材料分量外）。

2. 熱油鍋將豬腳煎到表面金黃，放入蔥白、薑片、蒜頭和辣椒爆香，嗆入紹興酒、醬油炒至上色。

3. 食材移至砂鍋或有厚度的鍋子，加入滷包與水，水量淹過食材但不要超過八分滿，以免溢出。

4. 煮滾後加蓋以小火慢燉1～1.5小時至豬腳軟化。熄火前加鹽調味並裝飾蔥綠即可。

 使用紹興酒別有一番香氣，若喜歡濃稠湯汁，可撈起豬腳，用大火稍微將滷湯收汁。

淨碳水化合物	[脂肪]	[熱量]	[膳食纖維]	[蛋白質]
2.6g	**33**g	**490**kcal	**0.4**g	**42**g

無糖獅子頭

獅子頭肉丸子做起來雖然稍微費工，但添加物可以自己掌控，較為安心，所以圈媽只要一有空就會將肉丸子做好備用，食用前再加入湯底和蔬菜配料，料理起來就會省事許多。

50 分鐘

3 人份

材料

 作法

肉丸

豬細絞肉 ………	300g
牛細絞肉 ………	100g（或全豬肉）
雞蛋 …………	1 顆
蔥花 …………	1 把
蒜末 …………	少許
米酒 …………	5ml
橄欖油 ………	5ml（絞肉）
胡椒粉 ………	少許
五香粉 ………	少許
義式香料 ……	適量
無糖醬油 ……	20ml（絞肉）

湯底

無糖醬油 ……	20ml（湯底）
大白菜或高麗菜 …	300g（撕段）
洋蔥 …………	1/4 顆（切絲）
香菜末 ………	少許

1. 將「肉丸」全部食材放入調理盆，攪拌摔打至出現黏性，捏製成數個肉丸。

 使用細絞肉口感較細緻，可請肉攤老闆絞兩次。絞肉偏肥口感較佳。

2. 起油鍋倒入分量外炸油，把肉丸表面煎炸至金黃色備用。

3. 另備砂鍋，放入洋蔥、蔬菜與無糖醬油燉煮。把煎好的肉丸放入砂鍋，小火燉煮30分鐘，撒上香菜末就完成了。

淨碳水化合物	[脂肪]	[熱量]	[膳食纖維]	[蛋白質]
3.9g	**24**g	**367**kcal	**1.2**g	**31**g

瓜仔肉丸子

20 分鐘

3 人份

圈媽喜歡在有空閒時多做一些肉丸子，放涼後分裝冷藏或冷凍儲存，作為常備菜餚。脆瓜可參考本書p.162的食譜，或購買成分單純少糖的市售蔭瓜。

材料

肉丸

細絞肉	300g
脆瓜	45g (切末)
大蒜	2 瓣 (切末)
無糖醬油	10ml
米酒	10ml
五香粉	適量
白胡椒	適量

湯底

無糖醬油	少許
脆瓜湯	少許
水	適量

作法

1. 將「肉丸」食材混合拌匀，攪拌摔打至產生黏性，塑形成肉丸。

2. 「湯底」材料煮沸放入肉丸，注意不要過度攪拌以免肉丸碎裂。

3. 肉丸全熟後加鹽調整鹹淡即可。

淨碳水化合物
1.2 g

[脂肪]
14 g

[熱量]
333 kcal

[膳食纖維]
0.3 g

[蛋白質]
20 g

泡菜炒豬肉

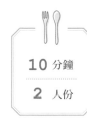

10 分鐘

2 人份

夏天太熱沒胃口、冬天太冷想來點微重口味時，端出這道泡菜炒豬肉，絕對可以得到救贖。如使用市售泡菜可選擇韓國泡菜、成分天然且單純無糖者佳，或可參考本書p.174食譜自製。

材料

豬肉片 ………… 150g
無糖韓式泡菜 ……… 90g
洋蔥 …… 1/4 顆，約 50g（切絲）
青蔥 ………… 1 枝（切末）
大蒜 ………… 切片
薑片 ………… 2 片
無糖醬油 ……… 10ml
玫瑰鹽 ………… 少許
椰子油 ………… 20ml

作法

1. 熱鍋加入蔥白、薑片、蒜片、洋蔥絲爆香。

2. 加入豬肉片拌炒至六分熟，倒入醬油觸鍋滾香後拌炒。

3. 放入韓式泡菜，拌炒至肉全熟。

4. 熄火拌入蔥綠，加入酌量鹽調味即可。

淨碳水化合物	[脂肪]	[熱量]	[膳食纖維]	[蛋白質]
4.4g	**21**g	**279**kcal	**2**g	**17**g

苦瓜封肉

魚漿是本食譜的小祕訣，可幫助黏著、提鮮，比起純絞肉製作更為簡易美味。可向魚販或魚丸店購買魚漿，亦可參考本書p.164自製。

30 分鐘

2 人份

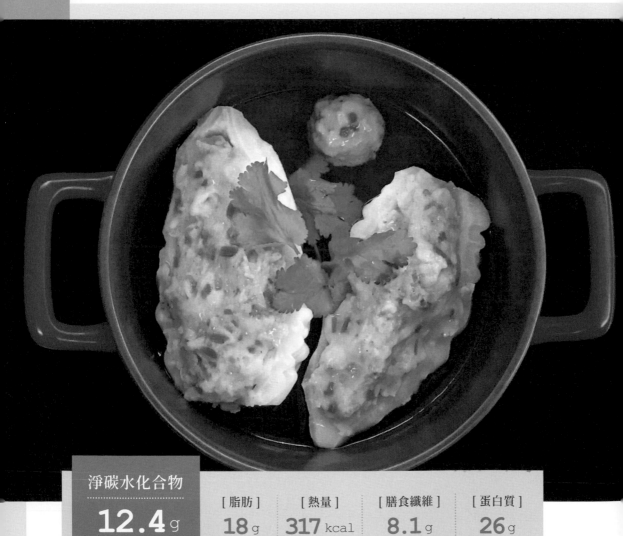

淨碳水化合物	[脂肪]	[熱量]	[膳食纖維]	[蛋白質]
12.4 g	**18** g	**317** kcal	**8.1** g	**26** g

材料

中型白玉苦瓜 … 1 條，約 500g
香菜葉 ………… 少許
水 ………… 適量

肉餡

絞肉 …………… 150g
魚漿 …………… 150g
紅蘿蔔 ………… 1 小段（切末）
香菜梗 ………… 少許（切末）
白胡椒 ………… 少許
玫瑰鹽 ………… 少許

作法

1. 苦瓜洗淨去蒂，對剖挖除囊籽。

2. 肉餡材料拌勻後填入苦瓜盅內壓實。如有剩餘的肉餡可捏製成魚丸。

3. 苦瓜盅放入電鍋的內鍋，注入淹沒食材的水，外鍋加入1杯水悶煮。

4. 電鍋跳起後，調整湯底鹹度，撒上香菜葉就可上桌。

1

2

3

4

無糖香腸炒時蔬

這道香腸炒時蔬可以說是圈媽的清冰箱料理，不管是剩半截的紅蘿蔔、上次沒煮完的茄子，通通丟下去一起炒，而且還不會互相影響風味。蔬菜種類可依季節與喜好自行更換。

10 分鐘

2 人份

淨碳水化合物

7.5g

[脂肪]
29g

[熱量]
435kcal

[膳食纖維]
6.8g

[蛋白質]
22g

材料

無糖香腸 … 3根，約200g（切片）
茄子 ……… 2根，約350g（切片）
櫛瓜 ……… 1根，約200g（切片）
紅蘿蔔 … 1/3根，約50g（切片）
辣椒 ………… 1根（切圈）
蒜頭 ………… 1瓣（切片）
香菜 ………… 1株（切末）
橄欖油 ………… 20ml

調味

玫瑰鹽 ………… 適量
黑胡椒 ………… 適量
紅椒粉 ………… 適量

作法

1. 將香腸、茄子、櫛瓜、紅
   蘿蔔切成相近大小，方便
   料理。

2. 起油鍋將蒜片爆香後，將
   半解凍香腸片也下鍋。

   Tip 香腸在半解凍狀態下比較
   容易切片。

3. 放入耐煮的茄子、紅蘿蔔
   等蔬菜，加鹽調味並幫助
   軟化。

4. 八分熟時，放入易熟蔬菜
   拌炒並加入所有調味料，
   起鍋前加入香菜末和辣椒
   提味增色。

花生醬起司漢堡排

圈媽覺得漢堡好吃的重要關鍵在於「醬料」，所以很建議大家試試搭配無糖花生醬，美味程度讓人驚豔。可選擇市面上成分單純、天然的無糖花生醬（不添加大豆油或氫化油，不加糖、防腐劑或乳化劑），且要注意保存避免產生黃麴毒素，並酌量攝取。

15 分鐘

3 人份

材料

 作法

漢堡排A

絞肉 ·············	300g
無糖醬油 ········	15ml
鹽 ··············	適量
白胡椒 ··········	適量
五香粉 ··········	適量
橄欖油 ··········	5ml
紹興酒 ··········	5ml

漢堡排B

蔥花 ·············	大量，約100g
高湯或水 ········	30ml
雞蛋 ·············	0.5顆

配料

番茄 ·············	少許，約20g
生菜 ·············	少許，約20g
乾酪 ·············	1片，約25g
無糖美乃滋 ·····	適量
無糖花生醬 ·····	適量

1. 將「漢堡排A」全部材料用筷子以順時鐘快速攪拌至產生黏性。

2. 分兩次加入「漢堡排B」裡的高湯，繼續順時鐘攪拌至水分被絞肉吸收，再加入雞蛋、蔥花攪拌均勻。

3. 將肉排塑形後，入油鍋（材料分量外）以中火慢煎，待觸鍋面變色並確實煎熟後再翻面。

4. 將肉排們疊上喜愛的蔬菜、醬料即可。

 也可參考本書 p.158 自製花生醬、美乃滋。

淨碳水化合物 **2.1**g	[脂肪] **21**g	[熱量] **299**kcal	[膳食纖維] **1.1**g	[蛋白質] **23**g

十全排骨湯

寒冷的冬天想要進補時，就會在家中煮這一道十全排骨湯，材料備妥後利用電鍋燉煮，一鍵完成不用守在廚房，是道讓媽媽不必倉促忙碌，可以優雅完成的營養湯品。

60 分鐘

4 人份

材料

豬排骨 ·········· 600g
米酒 ·············· 200ml
水 ················· 1200ml
十全藥材包 ······ 1 份
紅棗 ·············· 數顆
枸杞 ·············· 數顆
玫瑰鹽 ··········· 適量

作法

1. 電鍋內鍋放入十全藥材、米酒，外鍋加入1杯水熬煮。

2. 排骨洗淨，另煮一鍋水3分鐘快速汆燙排骨，撈起之後洗淨雜質浮沫。

3. 步驟1的藥材鍋開關跳起後，再放入排骨、紅棗、水，電鍋外鍋加入1杯水燉煮。

    Tip 如使用瓦斯爐，煮滾之後轉小火燉煮約40～50分鐘。

4. 電鍋跳起時，加入枸杞稍微燜一下並以鹽調味就完成了。

淨碳水化合物	[脂肪]	[熱量]	[膳食纖維]	[蛋白質]
16g	**19**g	**381** kcal	**0.9**g	**28**g

酸菜白肉鍋

親朋好友來家裡聚餐，最適合端上這道酸菜白肉鍋滿足大家，伴隨著圍爐相聚的溫暖感。享受大口飽足，同時還可以不著痕跡的進行減醣運動。

材料

五花肉片 ……… 400g
酸白菜 ……… 250g
薑片 ……… 2 片
水或高湯 ……… 1000ml
酸白菜湯汁 …… 適量
蔥段 ……… 1 把
蕈菇類 ……… 1 把，約 150g
洋蔥絲 ……… 1 把，約 50g
葉菜類 ……… 1 把，約 180g

作法

1. 蔬菜、菇類洗淨瀝乾。肉類盛盤備用。

2. 高湯或水加入酸白菜、湯汁、薑、洋蔥和蔥段作為火鍋湯底。

 可使用本書 p.145 的德國酸菜，或挑選成分單純無添加物的市售酸白菜。

湯頭越滾越有酸白菜的好滋味，如果希望一開始就快速入味，可把酸白菜切絲。

3. 湯煮沸後放入新鮮蔬菜、肉片，因為都使用天然食材，可以品嚐出有別於人工添加的鮮美甘甜。

淨碳水化合物	[脂肪]	[熱量]	[膳食纖維]	[蛋白質]
10g	**68**g	**810**kcal	**7.7**g	**34**g

蒜片骰子牛

老公小孩不在家，想要自己好好享受美食又不想要大費周章的料理時，我就會做這道蒜片骰子牛，再搭配冰箱的現有食材，像是洋蔥、青花菜、番茄等等，簡單又豐盛。

25 分鐘

1 人份

材料

 作法

牛排肉 ·················· 150g
蒜頭 ····················· 數瓣
橄欖油 ·················· 20g
無鹽奶油 ·············· 20g
黑胡椒 ·················· 適量
義式香料 ·············· 適量
玫瑰鹽或海鹽 ········ 適量

1. 將牛肉切成骰子狀，用橄欖油、黑胡椒、義式香料和鹽抓醃靜置10分鐘。

 將冷藏牛肉放於室溫回溫 10 分鐘，可讓肉質鬆軟、口感更佳。

肉遇熱會緊實縮小，所以別切太小塊，以免影響口感。

2. 將蒜頭切片備用。

3. 熱鍋後加入橄欖油，起油紋時放入牛肉。

 煎牛肉時需用高溫，產生褐變「梅納反應」，讓風味更佳。

4. 將牛肉快速翻動並加入蒜片，轉中火再加入奶油，待蒜片呈黃褐色先盛起，牛肉表面呈現微焦即可盛盤。

 烹調時間會因鍋具、火力、牛肉厚度與熟度偏好不同，可自行斟酌。

起鍋後靜置幾分鐘，讓肉汁鎖住會更好吃。

淨碳水化合物
2.7g

[脂肪]
48g

[熱量]
563kcal

[膳食纖維]
0g

[蛋白質]
31g

奶油蒜香牛小排

牛小排肉質軟嫩充滿香氣，奶油提升了這道料理的風味跟層次，在家也能享受高檔料理，而且這道菜掌握幾個小技巧就能展現好手藝喔！

15 分鐘

1 人份

材料　　牛排肉 ················ 150g　　黑胡椒 ················ 適量
　　　　蒜頭 ················ 數瓣　　義式香料 ············ 適量
　　　　橄欖油 ················ 20g　　玫瑰鹽或海鹽 ········ 適量

 無鹽奶油 ············ 10g

作法　　1. 將冷藏牛排放於室溫回溫
　　　　　　約30分鐘，抹上橄欖油、
　　　　　　海鹽、黑胡椒和香料，加
　　　　　　入蒜片。

2-1

　　　　2. 大火熱鍋後加入橄欖油，
　　　　　　起油紋時將牛排下鍋，大
　　　　　　約煎3分鐘，翻面再煎約2
　　　　　　分鐘。將肉片立起，讓四
　　　　　　周邊緣觸鍋約20秒，以鎖
　　　　　　住肉汁。

　　 煎的時間會隨牛排的厚度
　　　　而增加。

　　　　煎的過程不要頻頻翻動，
　　　　維持小油泡確保高溫，外
　　　　表才會酥脆。

2-2

　　　　3. 起鍋盛盤，放上奶油，靜
　　　　　　置5～10分鐘，讓滲出的肉
　　　　　　汁重新吸回牛排即可。

淨碳水化合物	[脂肪]	[熱量]	[膳食纖維]	[蛋白質]
0g	**76**g	**828**kcal	**0**g	**34**g

芥蘭炒牛肉

芥蘭菜屬於十字花科，有豐富的葉黃素與鈣質，是高纖維質的蔬菜。把接近根部的粗莖撕除表皮並切小段，口感較佳。通常會利用太白粉讓肉變得軟嫩，不過如果想避免添加粉類材料，可利用將肉逆紋切，並加入蛋白、醬油，用油抓醃的方式來讓肉質軟嫩。

25 分鐘

1 人份

牛肉片 ⋯⋯⋯⋯⋯ 150g
芥蘭菜 ⋯⋯⋯⋯⋯ 200g
大蒜 ⋯⋯⋯⋯⋯ 1 瓣（切片）
辣椒 ⋯⋯⋯⋯⋯ 1 根（切段）

蛋白 ⋯⋯⋯⋯⋯ 1 個
椰子油 ⋯⋯⋯⋯⋯ 40g
無糖醬油 ⋯⋯⋯⋯⋯ 30g

 作法

1. 將牛肉片用少許醬油跟蛋白抓勻，醃漬15分鐘後再加入約10g椰子油拌勻。

2. 將芥蘭洗淨，梗去粗絲，將梗與葉分開並切成適當大小備用。

3. 大火熱鍋後加入約30g椰子油，將蒜片爆香後，放入芥蘭梗略炒一下，撥放到鍋邊再放入牛肉片炒香。

4. 最後再加入芥蘭葉、辣椒與無糖醬油調味，翻炒至熟即可。

3

4

淨碳水化合物
22 g

[脂肪] **49** g
[熱量] **738** kcal
[膳食纖維] **19** g
[蛋白質] **51.8** g

紅酒燉牛肉

這道料理雖然需要花較長的時間，但因一次煮的分量較多（約四人份），所以有時我會將它變成冰箱常備菜，分成兩、三次食用。

牛肋切大塊點也無妨，因為煮過會緊實縮小。紅蘿蔔也可以切較大塊，吸入湯汁後會帶來滿足的口感。

70 分鐘

4 人份

淨碳水化合物	[脂肪]	[熱量]	[膳食纖維]	[蛋白質]
26.5g	**28**g	**538** kcal	**3**g	**25**g

材料

牛肋條	500g（切塊）	番茄糊	100g
紅蘿蔔	1根，約150g（切塊）	月桂葉	1～2片
洋蔥	1顆，約250g（切丁）	薑片	少許
西洋芹	3支，約225g（切小段）	玫瑰鹽	適量
蒜頭	數瓣，約30g（切片）	黑胡椒	適量
橄欖油	30g	義式香料	適量
紅酒	400ml		

作法

1. 大火熱鍋後倒入30ml橄欖油，放入牛肋塊煎煮至表面變色，夾起備用。

   Tip 牛肋煎至產生「梅納反應」，讓表面焦化會更好吃。

2. 原鍋放入蒜片、薑片、洋蔥和芹菜炒香。

3. 除了番茄糊和紅蘿蔔外的食材都加入鍋中，再倒入紅酒熬煮，直到湯汁濃縮剩2/3時，加入番茄糊、紅蘿蔔，轉小火加蓋燉煮50～60分鐘至肉質變軟。

   Tip 我通常會以鑄鐵鍋來製作這道料理，如使用其他鍋具請自行調整燜煮時間。

   中途如水分流失過快，可視情況加入適量開水。

無水番茄牛肋

這道料理以牛肋加上滿滿的蔬菜，不用額外加水即可
利用蔬菜本身釋放出水分，帶來濃厚香郁的湯頭。

70 分鐘

4 人份

淨碳水化合物

15g

[脂肪]
32g

[熱量]
478kcal

[膳食纖維]
2.7g

[蛋白質]
32g

材料

牛肋條 ················	600g (切塊)	豆瓣醬 ················	20ml
番茄 ········· 3顆，約450g (切塊)		橄欖油 ················	30ml
洋蔥 ········· 1顆，約250g (切塊)		滷包 ····················	1 個
蒜頭 ·············· 1 把，約30g		月桂葉 ·············	2 ～ 3 片
青蔥 ················· 2 支		黑胡椒 ················	適量
薑片 ················· 少許		紅椒粉 ···············	適量
無糖醬油 ············· 50g			

 作法

1. 大火熱鍋後倒入30ml橄欖油，放入牛肋塊煎煮至表面變色，加入蒜頭、薑片和醬料炒香。

 牛肋煎至產生「梅納反應」，讓表面焦化會更好吃。

牛肋切大塊點無妨，煮過會緊實縮小。

1

2. 放入剩餘所有食材，將蔬菜盡量放在底部，肉塊曡至上方，加蓋以中小火煮至鍋邊冒出蒸氣，再轉成小火燉煮約1小時。

2-1

 中途如有開蓋會造成水分流失，可視情況加入50ml 開水。

我通常會以鑄鐵鍋來製作這道料理，如使用其他鍋具請自行調整燜煮時間。

滷包一般超市或中藥行皆有販售。

2-2

3. 完成後開蓋，依喜好調味即完成。

圓茄起司鑲肉

我愛茄子，除了紫色的外表能為餐桌增添繽紛色彩外，茄子本身更富含許多營養素，如維生素A、B群、C、鈣、磷、鎂、鉀、鐵和類黃酮等等，並飽含90%的水分及膳食纖維，營養多多。下次在市場看到它，不妨買回家試煮看看吧！

40 分鐘

2 人份

淨碳水化合物	[脂肪]	[熱量]	[膳食纖維]	[蛋白質]
7.6g	**40.5**g	**523**kcal	**1.6**g	**30**g

材料

圓茄 ……………… 1 顆
牛絞肉 ……………… 200g
雞蛋 ……………… 1 顆
橄欖油 ……………… 30g
無糖醬油 …………… 20g

起司絲 ……………… 40g
胡椒粉 ……………… 適量
紅椒粉 ……………… 適量
孜然粉 ……………… 適量

 作法

1. 將圓茄去蒂對切成兩半，再將茄肉挖出呈碗狀，在茄碗內抹上鹽巴靜置15分鐘。

2. 將取出的茄肉剁碎，與絞肉、雞蛋、醬油、胡椒、孜然、紅椒粉和少許橄欖油拌勻，以同方向攪拌至出現黏性。

3. 將步驟1的圓茄水分擦乾，內外皆塗抹上橄欖油，放入耐熱器皿中。

4. 在圓茄內填入步驟2的肉餡，淋上剩餘橄欖油，並鋪上起司絲。

 請依圓茄大小調整內餡的分量。

茄子經烘烤會縮小，因此塞肉餡要適量，避免撐破。

5. 烤箱預熱至200℃後，將圓茄放入烘烤30分鐘。

4-1

4-2

厚牛漢堡排

可以在假日較有空時製作這道漢堡排，使用冰箱冷藏可保存2天、冷凍半個月，想吃時拿出來煎一煎即可快速上桌。可在漢堡排裡包入披薩絲或小起司塊，再確實包覆，製作成牽絲起司夾餡。

20 分鐘

11 人份

材料

 作法

牛絞肉 ················· 700g
偏肥豬絞肉 ··········· 300g
雞蛋 ·················· 1 顆
無糖醬油 ············· 20ml
高湯或鮮奶油 ········ 30ml
高粱酒 ··············· 10ml
橄欖油 ··············· 5ml
鹽 ··················· 適量
胡椒粉 ··············· 適量
五香粉 ··············· 適量
洋蔥粉或末 ··········· 適量
起司粉 ··············· 適量

1. 將所有食材放入調理盆中，用手以同方向快速攪拌均勻至產生黏性。

 如省略雞蛋，口感會略有差異。

　　加入高湯或鮮奶油，用意在於保持多汁、避免肉質乾澀，也可用牛奶或開水取代。

2. 將攪拌好的絞肉分成每份約100g的分量，用雙手互拍成紮實圓球狀，再略為拍扁。

3. 起油鍋，以中小火將肉球煎至焦香、翻面煎至全熟即可起鍋。

淨碳水化合物	[脂肪]	[熱量]	[膳食纖維]	[蛋白質]
1 g	**19** g	**252** kcal	**1** g	**18** g

小肥牛火鍋

火鍋幾乎是「零廚藝」料理，只要將食材洗淨丟入鍋中煮熟即可。我喜歡先鋪上耐煮的高麗菜，再放上二、三種綠葉蔬菜，並點綴上紅蘿蔔與黃色玉米筍豐富顏色，最後加入燙一下就熟的肉品，一次就能吃到五種以上的原型食物，簡單快速又營養。

15 分鐘

1 人份

材料

 作法

牛肉片 ················· 150g
高麗菜 ················· 100g
小黃瓜 ················· 100g
青江菜 ················· 150g
玉米筍 ················· 40g
紅蘿蔔 ············· （裝飾用）少許
香菜末 ················· 少許
無糖醬油 ············· 10g
高湯或水 ············· 適量

1. 先將高麗菜鋪在鍋子底部，再擺上青江菜、小黃瓜等綠色蔬菜。再放入玉米筍、紅蘿蔔點綴顏色。

2. 注入高湯，再加入無糖醬油提味。

3. 以中小火將湯汁煮滾，加入牛肉片燙熟。

4. 最後可再加入香菜末增添風味。

淨碳水化合物
8.5g

[脂肪] **28.7** g | [熱量] **442** kcal | [膳食纖維] **5.7** g | [蛋白質] **34.5** g

牛肉壽喜燒

壽喜燒，又名「鋤燒」。是一種以甜鹹醬汁烹煮食材的日本鍋物。我將這道料理稍做變化，不使用含糖醬料，而是利用蔬菜本身的甜度，料理山甜鹹滋味。

10 分鐘

1 人份

材料

牛五花肉片 ············ 150g
紅甜椒 ················· 80g
黃甜椒 ················· 80g
蔥段 ··················· 30g
蘑菇 ··················· 30g
蒜片 ··················· 10g
椰子油 ················· 10g
無糖醬油 ··············· 20g
玫瑰鹽 ················· 少許

作法

1. 將紅黃甜椒切成條狀；蒜頭切片。

2. 在鍋中倒入油加熱，爆香蒜片，將甜椒下鍋略炒後，撒上一點鹽調味並幫助軟化。

3. 放入蘑菇、牛肉片拌炒一下。

4. 加入無糖醬油，適時翻動肉片即可，不必刻意拌炒。

5. 撒上蔥段，以中小火讓湯汁略收即可起鍋。

 蔬菜會滲出水分，如想喝湯可加點水，不加水湯汁更香郁。

淨碳水化合物	[脂肪]	[熱量]	[膳食纖維]	[蛋白質]
13.7 g	**71** g	**815** kcal	**4.5** g	**27.8** g

Part2

海鮮料理

SEA FOOD

鱈魚、鮭魚、鯖魚、鱸魚；
蝦子、干貝、中卷、蛤蠣等等，
許多海鮮食材擁有豐富的Omega-3、
DHA、礦物質等營養素，
透過簡單的烹調，
保留食材新鮮原味與營養。

蒜辣奶油蝦

10 分鐘

1 人份

蝦子是優質蛋白質的來源。新鮮的食材不需過多調味自然鮮甜可口，簡單料理就能得到大大的滿足。

材料

蝦子 …………… 10 尾，約200g
蒜頭 ………… 5 瓣（切末）
青蔥 ………… 2 支（切末）
辣椒 ………… 1 根（切末）
無鹽奶油 ………30g
玫瑰鹽 ………… 適量
黑胡椒 ………… 適量

作法

1 . 將蒜頭、青蔥、辣椒切末備用。

 Tip 如不吃辣可將辣椒省略。

2 . 將蝦子開背挑出蝦腸，洗淨瀝乾備用。

3 . 以中火先融化奶油後，加入蒜末爆香，再放入蝦子以中火煎。

4 . 待蝦子變色翻面，並撒入鹽和胡椒，加入蔥花、辣椒拌炒一下後起鍋，即可開心享用。

淨碳水化合物	[脂肪]	[熱量]	[膳食纖維]	[蛋白質]
3.3g	**27**g	**445**kcal	**1.7**g	**45.2**g

水煮蝦

蝦子的甲殼素能夠促進腸內益菌繁殖、改善消化、穩定血壓、減少脂肪及壞膽固醇(LDL)累積。

10 分鐘

1 人份

材料

蝦子 ⋯⋯⋯⋯ 7尾（約150g）
青蔥 ⋯⋯⋯⋯ 1支（切段）
薑片 ⋯⋯⋯⋯ 3片
鹽 ⋯⋯⋯⋯ 少許
開水 ⋯⋯⋯⋯ 1鍋

作法

1. 將青蔥切段、薑切成片狀備用。

2. 蝦子洗淨，剪掉蝦鬚、挑出腸泥。

3. 準備一湯鍋（水量高度可覆蓋住蝦子即可），放入蔥段、薑片，待水煮沸放入蝦子，水再次沸騰時轉成小火。

4. 等蝦身變紅蜷曲時，加入鹽巴，熄火撈起蝦子盛盤即可。

淨碳水化合物	[脂肪]	[熱量]	[膳食纖維]	[蛋白質]
1.3 g	**1.7** g	**164** kcal	**1.7** g	**33.4** g

奶油蒜蝦櫛瓜麵

如果想念麵條的口感與滋味，我就會製作這道櫛瓜麵。將櫛瓜或小黃瓜刨成麵條狀，不管外觀或口感上都可取代傳統麵食。

20 分鐘

2 人份

材料

 作法

櫛瓜 ⋯⋯⋯⋯⋯ 2 條（刨長條絲）
大蒜 ⋯⋯⋯⋯⋯ 4 瓣（切片）
蝦仁 ⋯⋯⋯⋯⋯ 4 尾
洋蔥 ⋯⋯⋯⋯⋯ 1／4 顆（切絲）
白花椰 ⋯⋯⋯⋯ 數朵
小番茄 ⋯⋯⋯⋯ 3 顆（對切）
無鹽奶油 ⋯⋯⋯ 20g
橄欖油 ⋯⋯⋯⋯ 20g
玫瑰鹽 ⋯⋯⋯⋯ 適量
義式香料 ⋯⋯⋯ 適量

白醬

鮮奶油 ⋯⋯⋯⋯ 200ml
開水 ⋯⋯⋯⋯⋯ 100ml
帕瑪森起司粉 ⋯⋯ 適量

1. 橄欖油、奶油入鍋，小火爆香蒜片、洋蔥絲後放入花椰菜。

2. 另備一鍋滾水，將櫛瓜絲燙約1分鐘，撈起瀝乾備用。

3. 將蝦仁沖洗乾淨，用餐巾紙擦乾後，放入步驟1的鍋子中煎熟盛起備用。

4. 倒入鮮奶油與開水，撒上一些帕瑪森起司粉、義式香料、玫瑰鹽。

 Tip 帕瑪森起司粉可依個人喜好添加。

5. 奶油醬微滾冒起小泡泡時，加入櫛瓜絲拌炒。稍微收汁時，倒入蝦仁、小番茄拌勻即可盛盤。

 Tip 多為易熟食材，使用中小火可避免過程慌張。

淨碳水化合物
7.3g

[脂肪]
57.5g

[熱量]
558kcal

[膳食纖維]
2.9g

[蛋白質]
8.6g

奶油檸檬時蔬蝦

這道料理的蔬菜可隨喜好或季節更換，利用多元豐富的食材，帶來全面的營養。依氣候時節自然生長成熟的蔬菜稱為「時蔬」，無論口感還是營養都比反季節時好。到市場走一趟，出現頻率最高的蔬菜通常就是當令蔬菜。

15 分鐘

1 人份

淨碳水化合物	[脂肪]	[熱量]	[膳食纖維]	[蛋白質]
29.5g	**34.6**g	**471**kcal	**16.4**g	**32.8**g

材料

大蝦仁	10 尾（約 180g）	辣椒	1 根（切末）
蘑菇	9 朵	橄欖油	10ml
櫛瓜	1 根（切丁）	無鹽奶油	30g
茄子	1 根（切丁）	玫瑰鹽	適量
紅蘿蔔	1/3 根（切丁）	黑胡椒	適量
芹菜	1 株（切末）	紅椒粉	適量
大蒜	1 瓣（拍碎）	小番茄	3 顆（對切）
香菜	1 株（切末）	檸檬	1 顆（半顆切片裝飾，半顆擠汁）

作法

1. 開中小火，將橄欖油、奶油入鍋。將茄子和紅蘿蔔等耐煮蔬菜先下鍋，並加入少許鹽炒軟。

    將茄子和紅蘿蔔切成大小相近的丁狀，可幫助同時均勻受熱。

2. 加入蒜末、蘑菇、櫛瓜、芹菜等易熟蔬菜翻炒，加入鹽、黑胡椒、紅椒粉調味。

3. 加入蝦仁拌炒。

4. 最後撒上香菜末與辣椒末拌勻熄火。盛盤淋上檸檬汁並用小番茄裝飾。

奶油煎干貝

6 分鐘

1 人份

這道料理在我們家是一上桌就人人稱讚的美味好料。食材本身鮮甜，簡單調味就可上桌，烹調時注意Tip細節就可輕鬆出大菜。

材料

生食級干貝 ………… 5 顆
橄欖油 ………… 15ml
無鹽奶油 ………… 15ml
黑胡椒 ………… 適量
玫瑰鹽 ………… 適量

作法

1. 干貝完全退冰後用餐巾紙擦乾水分，以橄欖油熱鍋後放入干貝，以中火煎約2分鐘變色後翻面。

 Tip　干貝一定要完全退冰軟化並擦乾水分，煎出來才會外酥內軟嫩。

2. 加入無鹽奶油，煎約2～3分鐘待干貝吸附奶油、表面呈金黃色澤，翻面稍微收汁讓奶油醬附著於干貝。

3. 盛盤依個人口味撒上黑胡椒、玫瑰鹽與豌豆苗等綠葉裝飾。

淨碳水化合物	[脂肪]	[熱量]	[膳食纖維]	[蛋白質]
2.2g	**27.9**g	**314**kcal	**0**g	**15.9**g

芹菜炒中卷

10 分鐘

1 人份

芹菜利尿消腫，富含纖維質，耐咀嚼，常被歸類為減肥聖品。和中卷一起拌炒，相當對味。

材料

中卷 ……… 1隻（切段），約150g
芹菜 … 1把（去葉切段），約200g
蒜頭 ………… 1瓣（拍碎）
薑片 ………… 2片
椰子油 ……… 15ml
玫瑰鹽 ……… 適量
白胡椒 ……… 適量

作法

1. 開中小火，在平底鍋中倒入椰子油，加入蒜頭跟薑片爆香。

2. 接著放入中卷炒至肉質開始緊縮並變色，放入芹菜大火快炒，加入鹽、胡椒調味即可。

淨碳水化合物

8.5g

[脂肪]
17.2g

[熱量]
315kcal

[膳食纖維]
3g

[蛋白質]
32.5g

三杯魚骨

號稱石斑魚之王的龍膽石斑，富含DHA和EPA，所含的蛋白質主要由大分子的膠原蛋白及黏多醣組成，被稱之為「可以吃的保養品」！龍膽石斑的每個部位都可以分開利用，魚頭、魚骨適合煮湯，魚骨不僅富含ω-3高度不飽和脂肪酸，更有許多礦物質。

15 分鐘

1 人份

材料

 作法

帶肉石斑魚骨 ········· 約 300g

薑片 ················· 5 片

蒜頭 ················· 5 瓣

九層塔 ··············· 1 把

青蔥 ················· 1 支（切末）

辣椒 ················· 1 根（切末）

小番茄 ··············· 2 顆（對切）

無糖醬油 ············· 30ml

紹興酒 ··············· 1 瓶蓋

苦茶油 ··············· 30ml

1. 鍋中倒入苦茶油以中火加熱，加入薑片煸炒一下，再加入蒜頭爆香。

2. 放入帶肉魚骨乾煎，加入紹興酒煎香。

 也可以用米酒取代紹興酒，但香氣會有些微差異。

3. 待薑片蜷曲、蒜頭和魚骨表面呈現金黃色澤時，倒入醬油翻炒，讓醬汁均勻沾附在魚肉上。

4. 待醬汁稍微收乾呈現焦香感，熄火拌入小番茄、九層塔、蔥花與辣椒拌勻即可。

淨碳水化合物	[脂肪]	[熱量]	[膳食纖維]	[蛋白質]
8.4g	31.8g	609kcal	3.3g	68.8g

綜合蔬菜紙包魚

紙包魚介於烤和蒸之間，利用烘焙紙製造密閉空間讓熱氣循環，不僅使食材留住香氣，魚的肉質也會特別柔嫩飽水。可使用自己喜愛的魚種，依厚度大小調整烘烤時間。

20 分鐘

1 人份

淨碳水化合物	[脂肪]	[熱量]	[膳食纖維]	[蛋白質]
25g	**37**g	**754**kcal	**12**g	**73**g

材料

鮭魚 ············· 1 片，約250g
無鹽奶油 ········ 25g（切片）
甜椒 ············· 1 顆（切塊），約170g
小黃瓜 ········· 1 條（切塊），約150g
扁豆 ············· 1 把（去絲），約100g

義式香料 ········ 適量
胡椒 ············· 適量
海鹽 ············· 適量

 作法

1. 在耐熱烤皿裡鋪上一大張烘焙紙，先放入切好的甜椒、小黃瓜、扁豆等綜合蔬菜。

 甜椒、小黃瓜可切成相近大小，不僅美觀也幫助均勻受熱。

1

2. 鮭魚稍微沖洗一下，再用餐巾紙吸乾水分，雙面抹上適量海鹽調味。

2

3. 在蔬菜上撒上義式香料、胡椒、海鹽調味，再將鮭魚擺放於蔬菜上方，魚肉上放幾片奶油。

3

4. 將烘焙紙完整包覆食材並確認密封，將烤箱預熱至200℃烘烤20分鐘。

4

涼拌鱈魚肝

5 分鐘

1 人份

肚子餓、嘴饞或懶得料理時，製作這道免開火、備料迅速
的涼拌鱈魚肝，快速止飢。
鱈魚肝有豐富的維生素A、維生素D和Omega-3等營養成
分，是我們家會定期補貨的常備食材。

材料

鱈魚肝罐頭…1個 (不含魚油約 70g)
苜蓿芽 ………… 1 把，約 50g
海帶芽 ………… 1 把，約 30g
蔥末 …………… 適量
無糖醬油 ……… 10ml
檸檬汁或醋 …… 少許

作法

1. 將海帶芽用冷水泡開，瀝乾後與苜蓿芽一同
   鋪在容器底部。

2. 將鱈魚肝鋪在海帶芽、苜蓿芽上面。

3. 無糖醬油、檸檬汁或醋混合少許魚油調味，
   淋在鱈魚上，撒上蔥末即完成。

 Tip 罐頭內的魚油不要浪費，可用來炒菜或用
密封容器盛裝保存使用。

淨碳水化合物

2.8g

[脂肪]
6.2g

[熱量]
119kcal

[膳食纖維]
1.9g

[蛋白質]
17.5g

椒鹽煎鮭魚

簡單的烹調方式有時最能帶出食物本身特有的美好滋味，煎鮭魚就是一道快速又營養的料理，輕鬆煎出漂亮美味的魚，替餐桌增色又有成就感。

10 分鐘
2 人份

材料

鮭魚 ············ 1 片，約 250g
黑胡椒 ·········· 適量
玫瑰鹽 ·········· 適量

掌握煎煮的時間，就能鎖住魚肉的水分。

作法

1. 常溫鮭魚用廚房紙巾擦乾水分。平底鍋冷鍋無油先撒上黑胡椒，再放入鮭魚。

    鮭魚務必用紙巾吸乾水分才會好煎、好看、好吃。

2. 開中火乾煎鮭魚，靜置不動直到魚肉上色後，撒上黑胡椒小心翻面。

3. 確認鮭魚已全熟即可盛盤，撒上玫瑰鹽調味。

    將叉子插入魚肉後取出，感覺叉子溫熱就代表已煎熟了。

   起鍋再撒鹽，以免出水影響口感與色澤。

淨碳水化合物	[脂肪]	[熱量]	[膳食纖維]	[蛋白質]
0 g	18.7 g	226 kcal	0 g	25 g

薄鹽鯖魚

這道魚料理皮酥肉軟，滋味鮮美。只要留意火候，克制不要頻頻翻動魚身，端出一盤餐廳廚師等級的煎魚絕不是難事，家常菜也能兼顧視覺與味蕾。

10 分鐘

1 人份

材料

薄鹽鯖魚 ⋯⋯⋯ 1片，約150g
椰子油 ⋯⋯⋯⋯ 15ml
胡椒粉 ⋯⋯⋯⋯ 適量

 作法

1. 用餐巾紙吸乾鯖魚表面水分。

2. 在平底鍋中加入椰子油，不須熱鍋熱油，將魚皮朝下，以中小火油煎3～5分鐘。

 乾煎的時間可視魚肉的厚度調整。

3. 待魚皮酥脆後，翻面繼續煎熟後並撒上胡椒即可。

1

2

3

淨碳水化合物	[脂肪]	[熱量]	[膳食纖維]	[蛋白質]
2 g	51 g	554 kcal	0 g	22 g

泡菜海鮮鍋

火鍋無疑是可以一次吃到多種原型食材的好料理,也是媽媽主婦清冰箱時的好幫手。蔬菜、海鮮種類可視個人喜好變換,利用配色增添食慾。

15 分鐘

1 人份

材料

無糖泡菜 ········· 80g
海帶 ············· 1 小把，約 15g
蛤蠣 ············· 5 顆
蝦子 ············· 5 尾
鯛魚片 ········· 1 片（斜切），約 50g
青江菜 ········· 1 株，約 40g
玉米筍 ········· 4 根，約 45g

金針菇 ········· 1 把，約 50g
小番茄 ········· 3 顆（切半）
開水 ············· 500ml

 作法

1. 將青江菜、金針菇、小番茄洗淨切成適當大小，玉米筍洗淨備用。

2. 將熱水煮沸，放入無糖泡菜、海帶。

3. 水滾轉成中小火，放入蝦子、蛤蠣和鯛魚，最後放入青江菜、金針菇、小番茄等易熟蔬菜即可。

1

3

淨碳水化合物
13.4 g

[脂肪]
3.6 g

[熱量]
227 kcal

[膳食纖維]
6.8 g

[蛋白質]
33.8 g

鱸魚湯

魚肉少油清淡，肉質纖細，魚湯絕對是爽口食物的首選。這道湯品看起來樸實，但是湯鮮味美，清甜又營養，大人小孩都喜愛。

10 分鐘

1 人份

淨碳水化合物	[脂肪]	[熱量]	[膳食纖維]	[蛋白質]
3g	6.2g	124 kcal	0.6g	26.8g

去骨鱸魚 …… 1 塊（切片）約150g　　米酒 ………… 少許
青蔥 ………… 1 支（切段）　　過濾水 ……… 500ml
紅蘿蔔絲 …… 少許
薑片 ………… 3 片
白胡椒 ……… 少許
玫瑰鹽 ……… 適量

作法

1. 將去骨鱸魚切成小塊；紅蘿蔔切成絲；青蔥切段，分成蔥白與蔥綠；薑成片狀備用。

2. 在湯鍋中放入水、薑片、蔥白和紅蘿蔔絲煮滾。

3. 轉中火放入洗淨的鱸魚片與米酒。

4. 再次煮滾時魚肉熟透加入蔥綠，最後以鹽、胡椒粉調味即可。

1

2

3

4

蛤蠣石斑魚骨湯

35 分鐘
1 人份

蛤蜊是高蛋白、高微量元素、高鐵、高鈣，味道鮮美又營養全面的食材。搭配上富含Omega-3、DHA的石斑魚骨，燉煮成湯頭鮮美溫潤的湯品。

材料

大蛤蠣	約 8 顆
帶肉石斑魚骨	約 300g
洋蔥	1/4 顆，約 30g
薑片	3 片
蔥絲	少許
醋	少許
米酒	少許
開水	1000ml

作法

1. 在湯鍋中放入洗淨的石斑魚骨、薑片、洋蔥，煮滾後轉小火，撈除浮沫並滴入醋，再煨煮30分鐘。

 Tip 利用大火燒沸，小火慢煨，就能熬出既清澈又濃郁鮮美的湯頭。

2. 再次煮沸，放入蛤蠣與米酒，待蛤蠣開口即可熄火，撒上蔥絲裝飾。

淨碳水化合物	[脂肪]	[熱量]	[膳食纖維]	[蛋白質]
8.9g	**1.9**g	**342**kcal	**1**g	**70.4**g

鱸魚蔬菜塔

15 分鐘

1 人份

鱸魚中含EPA和DHA、維生素A、B、D與鈣、鎂、鋅、硒等營養元素，可強化免疫力，幫助鈣質吸收率，是優質蛋白質來源。一般人較常做成鱸魚湯，這道料理則是煎煮後和眾多蔬菜組合成美味沙拉。

材料

去骨鱸魚 ········· 1 片，約 150g
花椰菜 ········· 2～3 小朵，約 20g
小黃瓜 ····· 1 條（切片），約 150g
玉米筍 ····· 4 根（對剖），約 45g
苜蓿芽 ········· 1 小把，約 40g
橄欖油 ············· 15ml
黑胡椒 ············· 適量
玫瑰鹽 ············· 適量

作法

1. 將花椰菜、小黃瓜、玉米筍燙熟後放涼備用。

2. 平底鍋中倒入橄欖油熱鍋，將鱸魚片的魚皮朝下煎約3分鐘，翻面煎熟後，再切成2～3等份。

3. 將各個蔬菜食材、魚肉交叉堆疊排列擺盤。最後再撒上黑胡椒、玫瑰鹽調味即可。

 Tip 也可以搭配自己喜歡的沾醬，盡可能選擇無糖醬料。

淨碳水化合物

5.4g

[脂肪] **15.7**g ｜ [熱量] **286**kcal ｜ [膳食纖維] **4.2**g ｜ [蛋白質] **30.6**g

鮪魚酪梨沙拉

別小看這一盤沙拉，有酪梨、溏心蛋、鮪魚、大量的新鮮蔬菜，不僅豐富美味，還能帶來飽足感。

酪梨富含有益健康的單元不飽和脂肪和與多元不飽和脂肪，是優質脂肪來源。口感滑順，味道平順，製作成各式沙拉都很適合。

10 分鐘

1 人份

材料　　　　　 作法

水煮鮪魚罐 …… 1 個（瀝乾水分）
小型酪梨 ……… 半顆，約 370g
溏心蛋 ………… 半顆，約 30g
小黃瓜 ………… 1 根，約 150g
苜蓿芽 ………… 適量，約 50g
豆苗 …………… 適量，約 50g
黃椒 …………… 約 20g
小番茄 ………… 3 顆
胡椒粉 ………… 適量
玫瑰鹽 ………… 適量
橄欖油 ………… 適量（也可省略）

1. 將所有蔬菜洗淨瀝乾，切成適口大小。

> **Tip** 因為要直接食用，為避免農藥殘留，一定要仔細清洗乾淨。

2. 將所有食材擺盤，撒上胡椒粉、玫瑰鹽、橄欖油調味即可。

淨碳水化合物	[脂肪]	[熱量]	[膳食纖維]	[蛋白質]
21.7 g	**28.3** g	**533** kcal	**19.3** g	**44.7** g

Part3

蔬菜料理

VEGETABLE

走入市場，
挑選出現頻率最高的當季蔬菜食材，
並運用食材的搭配，
組合出吃不膩的蔬食美味，
為餐桌帶來健康、安心、多元的料理。

豆豉苦瓜

苦瓜是圈媽個人偏好的蔬菜之一，很多人因為苦味而排斥它，其實刮掉囊籽跟內膜後，切片燙過就能去除苦味，試著撇開成見嚐嚐看吧！

豆豉是傳統發酵的大豆食品，含有營養的蛋白質、脂肪、鈣、磷、鐵等豐富礦物質，甘鹹風味是很好的調味品。

15 分鐘

1 人份

材料

苦瓜	半條，約250g
濕豆豉	1 小匙
蔥花	少許
椰子油	15ml
辣椒醬	少許

作法

1. 苦瓜去籽切片後，放入滾水中燙一下再瀝乾備用。

2. 起油鍋，加入苦瓜片翻炒，苦瓜略呈透明時，加入豆豉、辣椒醬，拌炒均勻，盛盤撒上蔥花即可。

淨碳水化合物	[脂肪]	[熱量]	[膳食纖維]	[蛋白質]
3.6g	**15.4**g	**172**kcal	**7.5**g	**2.4**g

炒茭白筍

10 分鐘

1 人份

茭白筍含維生素A、B1、B2、C和膳食纖維等營養素。 茭白筍內的小黑點是菰黑穗菌，有助代謝，預防骨質疏鬆。

材料

茭白筍 …… 2支，約180g（滾刀切）
小黃瓜 …… 1條，約80g（滾刀切）
甜椒 …… 1/3顆，約65g（滾刀切）
蒜頭 …………… 2瓣，約5g（切片）
玫瑰鹽 ………… 適量
橄欖油 ………… 20ml

作法

1. 熱油鍋，爆香蒜片後放入茭白筍、甜椒，以中火拌炒。

2. 再放入小黃瓜翻炒並加鹽調味，拌炒約3～5分鐘，待蔬菜熟透即可盛盤。

淨碳水化合物	[脂肪]	[熱量]	[膳食纖維]	[蛋白質]
9g	20.7g	241kcal	6.1g	4g

豆豉辣香芹

10 分鐘

1 人份

這道菜香辣開胃，也很適合加入豆乾或絞肉拌炒做變化。
食慾不振的炎熱夏日裡，很適合作為開胃菜。

材料

濕豆豉 ………… 1 匙，約15g
芹菜 …………… 2 支，約80g（切末）
香菜 …………… 1 株，約10g（切末）
青蔥 …………… 1 支，約10g（切末）
蒜頭 …………… 2 瓣，約8g（切末）
辣椒 …………… 1 根，約5g（切末）
橄欖油 ………… 10ml

作法

1. 熱油鍋，爆香蒜末後，加入芹菜珠、蔥花、
   辣椒圈拌炒。

2. 放入豆豉翻炒均勻。

3. 撒上香菜末拌勻，熄火盛盤。

淨碳水化合物	[脂肪]	[熱量]	[膳食纖維]	[蛋白質]
3.7g	**12**g	**145**kcal	**4**g	**4.8**g

乾酪莓果沙拉

10 分鐘

2 人份

這一道免開火的清爽沙拉，炎熱夏季裡更想讓人大口享用。蛋奶素者可食。蔬果、油品可依個人喜好更換。 黑莓纖維含量高營養豐富，且有多種保健功效。

材料

蘿蔓	2 株，約 400g
甜椒絲	少許，約 40g
黑莓	10 顆
乾酪	約 40g
橄欖油或酪梨油	適量
玫瑰鹽	適量
黑胡椒	適量
紅酒醋	適量（可省略）

作法

1. 蘿蔓切段，於流動清水洗淨瀝乾。

2. 甜椒洗淨切絲；黑莓洗淨瀝乾；乾酪切成適口大小。

3. 依喜好裝盤，撒上油、鹽、黑胡叔調味即可享用。

淨碳水化合物

5.7g

[脂肪]
15.6g

[熱量]
226kcal

[膳食纖維]
12g

[蛋白質]
6.4g

綠花椰玉米筍

10 分鐘

1 人份

玉米筍所含醣類、蛋白質和脂肪都遠低於玉米，屬於蔬菜類，是膳食纖維的優質來源，且含多種維生素、礦物質及各種胺基酸 。黃色玉米筍搭配上綠色花椰菜，呈現美麗又可口的配色。

材料

花椰菜 ………… 1 顆，約 230g
玉米筍 ………… 5 根，約 55g
辣椒 …………… 半根（切圈）
鵝油 …………… 20ml
玫瑰鹽 ………… 適量

作法

1. 花椰菜分切，去除粗纖維後洗淨。

2. 花椰菜、玉米筍汆燙約3分鐘，瀝乾備用。

3. 起油鍋拌炒兩樣食材，加入鵝油、鹽、辣椒調味燜軟後盛盤。

淨碳水化合物	[脂肪]	[熱量]	[膳食纖維]	[蛋白質]
5.1g	**20.5**g	**247**kcal	**9.1**g	**10**g

芥菜菇菇

芥菜又名刈菜，是台灣過年時節常見的蔬菜。芥菜心是芥菜去除外葉取較嫩的部位，性偏寒，烹煮時可搭配少許薑。

15 分鐘

1 人份

材料

芥菜芯 …… 1 株，約 150g（切段）
蕈菇 ……… 1 小把，約 50g（撕開）
紅蘿蔔 …… 1 截，約 20g（切絲）
薑片 ……… 2 片
苦茶油 …… 15ml
水 ………… 適量
鹽 ………… 適量

作法

1. 將芥菜芯去除粗纖維後洗淨燙一下。

    燙芥菜芯時，可於水中加一點鹽，能保持顏色翠綠。

2. 熱油鍋爆香紅蘿蔔絲、薑片，將芥菜芯略炒一下再加入蕈菇和少許水燜煮。

3. 待食材皆熟，即可調味並盛盤。

淨碳水化合物	[脂肪]	[熱量]	[膳食纖維]	[蛋白質]
2.1g	**22.9**g	**207**kcal	**2.8**g	**3.5**g

蘑菇炒蘆筍

10 分鐘

1 人份

圈媽很喜歡在料理上做些小變化，不需要太繁複的步驟或調味，利用食材相互搭配創造不同視覺與味覺層次。像是這一道料理利用蘆筍的爽脆與蘑菇的鮮味，組合出自然好風味。

材料

蘆筍 ………… 1把，約150g（切段）
蘑菇 ………… 數朵，約90g
蒜頭 ………… 2瓣（切片）
橄欖油 ……… 15ml
玫瑰鹽 ……… 3g
黑胡椒 ……… 適量

作法

1. 蘆筍削掉較硬纖維後，洗淨切段。

2. 蘑菇稍微乾煸後，熱油爆香蒜片。

3. 放入蘆筍拌炒一下後加鹽、胡椒調味，炒熟即可盛盤。

淨碳水化合物	[脂肪]	[熱量]	[膳食纖維]	[蛋白質]
9.1g	**15.6**g	**196**kcal	**4.2**g	**5.8**g

木耳炒水蓮

10 分鐘

1 人份

木耳含豐富膳食纖維、蛋白質及人體所必需的胺基酸和多種維生素，是天然的補血食材。我喜歡利用食材鮮豔的顏色讓菜色入口也入眼，配合水蓮長條狀外觀，將紅蘿蔔與木耳都切成絲狀，成為一盤協調互不搶色的菜品。

材料

水蓮 ……… 1 把，約 190g（切段）
紅蘿蔔 ……… 1 截，約 15g（切絲）
黑木耳 ……… 1 朵，約 35g（切絲）
椰子油 ……… 15ml
玫瑰鹽 ……… 約 5g

作法

1. 爆香紅蘿蔔絲後，將木耳炒軟。

2. 放入水蓮，中大火快炒並調味。

3. 不要炒太久以免水蓮流失水分，熄火盛盤。

淨碳水化合物	[脂肪]	[熱量]	[膳食纖維]	[蛋白質]
3.8g	**15.6**g	**172**kcal	**6.5**g	**2.5**g

清炒紅莧菜

10 分鐘

1 人份

紅莧菜是「三高」好蔬菜：高纖、高鐵、高營養，除了炒薑片外，蒜炒也擁有好滋味。

材料

紅莧菜 ………… 1 把，約180g
蒜頭 …………… 3 瓣（對切）
橄欖油 ………… 15ml
玫瑰鹽 ………… 適量

作法

1. 紅莧菜去除根部、硬梗，留下葉與軟梗，切段洗淨。
2. 熱油爆香蒜頭。加入紅莧菜拌炒，調味後加蓋2分鐘燜軟即可。

淨碳水化合物	[脂肪]	[熱量]	[膳食纖維]	[蛋白質]
1 g	**15.4** g	**165** kcal	**5.1** g	**5.6** g

熔岩花椰菜

25 分鐘

1 人份

吃膩了台式炒菜或是千篇一律的燙青菜，可以試試這一道加了起司的熔岩花椰菜，享受濃郁的起司口感。

材料

花椰菜	1 株，約230g
起司絲	50g
鮮奶油	50ml
無鹽奶油	10ml
玫瑰鹽	適量
黑胡椒	適量

作法

1. 花椰菜分切，去除粗纖維後洗淨。

2. 花椰菜快速燙3分鐘後瀝乾備用。

3. 製作起司醬。 鍋內放入奶油、鮮奶油、起司絲煮至融化並加入鹽、黑胡椒調味。

4. 將花椰菜放入烤皿，淋上起司醬。

5. 將烤皿放入烤箱，以200度烘烤15～20分鐘，直至表面呈金黃色澤即可。

淨碳水化合物
5.4 g

[脂肪]
39.5 g

[熱量]
457 kcal

[膳食纖維]
7.1 g

[蛋白質]
22 g

135

雙色花椰菜

15 分鐘

1 人份

花椰菜也是圈媽家餐桌常客，除了易採買、好吃營養之外，它是十分好烹調的蔬菜，加點變化更百吃不膩，單獨料理或搭配其他食材都可以，甚至是雙色花椰菜的組合也讓餐桌增色不少。

材料

白花椰菜 ········ 半顆，約120g
綠花椰菜 ········ 半顆，約120g
紅蘿蔔 ········ 少量，約20g（切絲）
椰子油或橄欖油 ·········· 約20ml
水 ············ 適量
鹽 ············ 適量

作法

1. 花椰菜切成小朵、去除粗纖維，洗淨備用。

2. 熱鍋將紅蘿蔔略炒，加入花椰菜一起拌炒。

3. 倒入適量開水，蓋鍋蓋，以中火燜煮至花椰菜梗變軟，加鹽調味後盛盤。

淨碳水化合物	[脂肪]	[熱量]	[膳食纖維]	[蛋白質]
5.7g	**20.4**g	**233**kcal	**6.7**g	**6.8**g

蒜炒菠菜

5 分鐘

1 人份

只要看見市場出現菠菜，我們家當天餐桌一定也會有，因為人家都喜歡這道簡單清爽的菜餚。菠菜根部營養豐富，所以我會留下一小截。不喜歡菠菜澀味的話，烹煮時可試著加入少許檸檬汁中和。

材料

菠菜 ………… 1 把 ，約 180g
蒜頭 ………… 2 瓣（拍碎）
橄欖油 ……… 20ml
玫瑰鹽 ……… 適量

作法

1. 菠菜留下約 0.5cm 根部，洗淨並切段，分開葉與梗。

2. 冷油鍋中放入蒜頭爆香，再放入菜梗炒軟。

3. 放入菠菜葉、加鹽調味拌炒均勻，待軟化即可上桌。

淨碳水化合物	[脂肪]	[熱量]	[膳食纖維]	[蛋白質]
2g	**20.6**g	**208**kcal	**3.7**g	**4.3**g

蒜炒長豆

15 分鐘

2 人份

長豆又名菜豆或豇豆，顏色比四季豆深，口感稍有不同，圈媽自己偏好長豆煮到偏軟的口感，除了氽燙涼拌，油炒風味更甚，蔬食其實也有許多選擇呢！

材料

長豆 ·············· 250g
辣椒 ············· 半根
蒜頭 ············· 3 瓣
白胡椒 ··········· 適量
玫瑰鹽 ··········· 適量
橄欖油 ··········· 20ml
水 ················ 1 碗

作法

1. 長豆去掉頭尾，撕除兩側粗豆絲，折成段洗淨。

2. 蒜頭切末，辣椒切圈。

3. 熱油鍋，爆香蒜末後放入長豆翻炒，加入鹽、胡椒調味後倒入水加鍋蓋燜熟。

 長豆顏色轉成深綠就是熟了。

葷食者可使用鵝油或豬油香味更甚。

4. 水稍微收乾，拌勻盛盤。

淨碳水化合物	[脂肪]	[熱量]	[膳食纖維]	[蛋白質]
11g	**20.4**g	**258** kcal	**6.4**g	**6.3**g

塔香海茸

15 分鐘

1 人份

海茸得到傳統市場尋找，它是一種藻類，天然的深海植物，含有豐富礦物質。Q軟彈牙，會吸附湯汁，是自助餐常見的配菜，搭配九層塔熱炒香氣迷人。

材料

海茸 ·············· 1 大把，約 300g
九層塔 ··········· 適量，約 30g
薑片 ·············· 數片
蒜末 ·············· 少許
辣椒圈 ··········· 少許
橄欖油 ··········· 20ml
無糖醬油 ········ 30ml
醋 ················· 10ml
高粱酒 ··········· 5ml
水 ················· 1 碗

作法

1. 海茸洗淨切段備用。

2. 起油鍋稍微煸過蒜末、薑片，放入海茸，再加入辣椒、醬油、醋、酒調味拌炒。

3. 倒入適量水，加鍋蓋燜軟海茸。

4. 熄火，用餘溫拌入九層塔拌炒一下即可。

淨碳水化合物	[脂肪]	[熱量]	[膳食纖維]	[蛋白質]
19.3g	**20.5**g	**308**kcal	**7.6**g	**11**g

三色銀芽

豆芽菜便宜、爽脆好吃，但是素底朝天的端上桌感覺稍嫌單調。市場購買時通常會附韭菜，我喜歡再搭配一些紅蘿蔔絲，讓簡單的豆芽菜更顯繽紛美味。

10 分鐘

1 人份

材料

豆芽菜 …… 1 把，約 200g
紅蘿蔔 … 5 片，約 25g（切絲）
蒜頭 ………… 2 瓣（切末）
韭菜 … 2 支，約 20g（切段）
黑胡椒 ………… 適量
海鹽 …………… 適量
橄欖油 ………… 15ml
無鹽奶油 ……… 10ml

作法

1. 豆芽菜去除根鬚、豆殼，洗淨備用。

2. 起油鍋，爆香蒜末、韭菜頭後，加入紅蘿蔔絲略炒。

3. 放入豆芽菜、韭菜，並加鹽、胡椒調味。

4. 待豆芽軟化即可熄火，放入奶油利用餘溫讓它融化並拌勻即可。

淨碳水化合物	[脂肪]	[熱量]	[膳食纖維]	[蛋白質]
2.5g	**20.8**g	**281**kcal	**6.9**g	**12**g

鵝油香蔥手撕包菜

10 分鐘
1 人份

高麗菜是我家的常備菜，好吃、耐放而且烹調處理方便快速。肚子餓時炒上一盤，可口又能帶來飽足，是全家人都很喜歡的菜色。進行減醣飲食後，感覺高麗菜更加鮮甜了。

材料

高麗菜 ………… 1/4 顆，約 350g
蒜頭 ………… 3 瓣 (切片)，約 12g
玫瑰鹽 ………… 適量
橄欖油 ………… 15ml
鵝油蔥 ………… 適量

作法

1. 高麗菜一葉一葉剝下，撕成適口大小，洗淨瀝乾。

2. 中火熱橄欖油，爆香蒜片，放入高麗菜均勻翻炒讓菜葉沾附熱油。

3. 加入鹽幫助菜葉軟化出水，炒至喜好的脆度時熄火盛盤。

4. 淋上鵝油蔥增添香味即可享用。

淨碳水化合物	[脂肪]	[熱量]	[膳食纖維]	[蛋白質]
15.2 g	20.7 g	268 kcal	5.1 g	5.8 g

椒鹽球芽甘藍

球芽甘藍又稱孢子甘藍，每顆約2.5～4cm，外觀小巧渾圓可愛，很像迷你高麗菜或高麗菜嬰，耐咀嚼、甘甜帶微微苦味，炒、烤或水煮都可以，但焦糖化的部分格外酥香軟甜，所以我偏好香煎或烘烤。在一般超市或是專門販售歐美食材的超市都可購得。

20 分鐘

1 人份

材料

 作法

球芽甘藍 ……… 15顆，約200g
蒜頭 ………… 3瓣，約12g（對切）
橄欖油 ……… 30ml
黑胡椒 ……… 適量
海鹽 ………… 適量
起司粉 ……… 適量
小番茄 ……… 4顆（對切）

1. 球芽甘藍剝除外層老葉，洗淨後切除根部並對半分切，大顆的可切成四等份。

2. 球芽甘藍與蒜頭淋上橄欖油、黑胡椒、海鹽並拌勻。

3. 平鋪於烤皿，放入烤箱以200度烘烤10分鐘，翻面後再烤10分鐘。

 如燙過再烤，口感會稍軟。

　　沒有烤箱的話，也可以直接用瓦斯爐直火油煎。

4. 喜歡焦一點的口感可延長烘烤時間，出爐後撒上起司粉、裝飾小番茄即可。

淨碳水化合物	[脂肪]	[熱量]	[膳食纖維]	[蛋白質]
13.8g	**16.4**g	**228**kcal	**6**g	**6.8**g

德國酸菜

德國酸菜搭配任何肉品都很解膩,還可做成酸菜白肉鍋或搭配肉絲拌炒。
植物性乳酸菌通常存在於高鹽或高酸的環境中,因此更能通過人體消化道,在腸道存活率較高。

20 分鐘

10 人份

淨碳水化合物
3.2g

[脂肪]
0.2g

[熱量]
19.7kcal

[膳食纖維]
1.2g

[蛋白質]
1.3g

材料

高麗菜	·················	900g
玫瑰鹽或海鹽	·················	18g
乳清或之前剩餘的酸菜汁	··········	50ml（可省略）

作法

1. 除去高麗菜最外面的幾片葉子，剝到看見乾淨葉面，並留一片乾淨硬葉備用。

2. 將高麗菜切成絲狀或用調理機切碎。

3. 每300g的高麗菜加入6g玫瑰鹽，比例約50：1。

4. 用手搓揉擠壓高麗菜至軟化出水後裝至玻璃瓶。也可以將高麗菜直接裝瓶至七分滿，再用搗棒搗壓高麗菜數分鐘。

 盛裝的玻璃瓶需先用熱水殺菌並晾乾。

發酵時可把玻璃罐放在深容器內，以承接可能溢出的汁液。

5. 將乾淨硬葉放在最上面壓著菜絲，避免浮起沒浸泡到湯汁（如有乳清可一併加入）。

6. 用保鮮膜保覆瓶口，然後鎖緊蓋子，進行厭氧發酵。

7. 放置室溫2～7天，若菜葉顏色變淺、出現發酵酸味即可放冰箱冷藏保存。

 發酵時間的長短會受氣溫影響，需自行觀察。

雞蛋&醬料

EGG & SAUCE

簡單、快速易料理的特性，
讓雞蛋成為一般家庭裡的必備食材。
吃膩了荷包蛋、炒蛋，不妨試試與
其他食材相互搭配，

肉丸烘蛋

只有單純的烘蛋好像有點無趣，所以圈媽加入了肉丸子，立即變得豐盛又滿足。加入紅蘿蔔、青蔥等蔬菜末，讓口感豐富、視覺更美味。

40 分鐘

5 人份

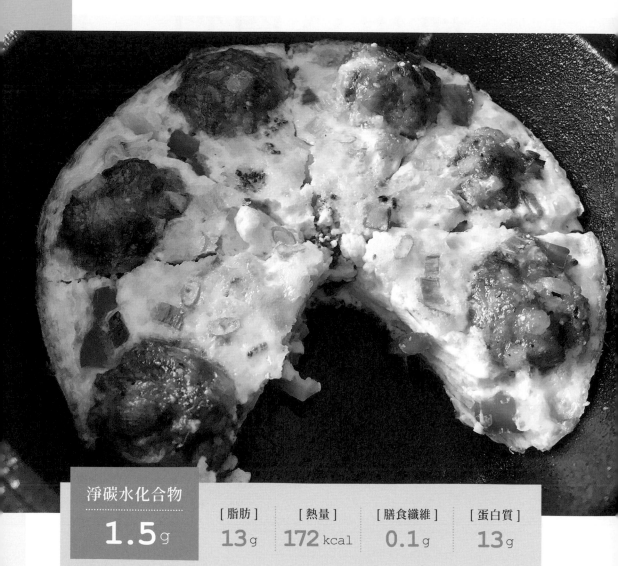

淨碳水化合物

1.5g

[脂肪] **13**g

[熱量] **172**kcal

[膳食纖維] **0.1**g

[蛋白質] **13**g

材料

各式蔬菜末 …… 少許

肉丸

絞肉 ………… 150g
玫瑰鹽 ……… 適量
黑胡椒 ……… 適量
洋蔥末 ……… 適量
蔥花 ………… 少許

蛋奶液

雞蛋 ………… 5 顆
鮮奶油 ……… 50ml
胡椒鹽 ……… 適量
起司粉 ……… 適量

作法

1. 「肉丸」材料攪打出黏
   性，捏製成數個小肉球。

2. 冷鍋小火熱油，把肉球放
   入，以小火慢煎至表面呈
   金黃色。

3. 將肉丸推至鍋邊，加入蔬
   菜末炒熟。

4. 蛋奶液材料均勻混合，倒
   入鍋中，加鍋蓋以小火慢
   慢烘至蛋液凝固。

 如想縮短烘蛋時間，則省
略鮮奶油改使用全蛋，但
口感會略有差異。

也可將放入烤箱，以 200
度烤 15 ～ 20 分鐘。

2

3

4-1

4-2

櫛瓜茄子起司烘蛋

利用食材的天然顏色,層層交錯出美麗的擺盤。這道
料理也很適合作為客人來訪時的宴客菜,華麗豐盛又
美味。

20 分鐘

2 人份

材料

櫛瓜 ……… 2 條，約 400g（切片）　　黑胡椒 ………………… 適量
茄子 ……… 1 條，約 200g（切片）　　起司粉或起司絲 …… 適量
雞蛋 ………………… 2 顆　　　　　　高湯或水 ………… 3/4 米杯
橄欖油 ……………… 適量
海鹽 ………………… 適量

 作法

1. 烤盤底部刷油，將櫛瓜和茄子交錯排列整齊。

2. 雞蛋加入適量高湯或開水，蛋水比例約1：1，再加入黑胡椒、鹽、起司粉，拌勻後倒入烤盤。

2

3. 在露出未浸泡到蛋液的蔬菜表面刷上一層油，避免燒焦。

3

4. 烤箱不預熱，直接以200度烤20分鐘，確認蛋液凝結即可出爐。

 Tip 沒有烤箱的話，可以使用小平底鍋加蓋，瓦斯爐開中小火慢慢直火煮熟。

4

淨碳水化合物	[脂肪]	[熱量]	[膳食纖維]	[蛋白質]
4.3g	**8**g	**144**kcal	**5.6**g	**13**g

蘇格蘭蛋

蘇格蘭蛋聽說是英國常見的家常料理，用絞肉完全包覆住水煮蛋，再裹上炸粉煎炸一番。圈媽自行改良，用烘焙杏仁粉取代炸粉，降低醣類攝取，但又保留住層次口感。

20 分鐘

5 人份

材料

 作法

水煮蛋 ··········· 5 顆（剝殼）
椰子油 ·········· 適量

肉餡

豬絞肉 ··········· 300g
雞蛋 ············· 1 顆
洋蔥 ············· 1/3 顆，約 70g
（切末）
黑胡椒 ··········· 少許
玫瑰鹽 ··········· 適量
無糖醬油 ········· 10ml
義式香料 ········· 少許
蔥花 ············· 少許（可省略）

炸粉

烘焙杏仁粉或椰子粉 ····· 適量

1. 把「肉餡」材料攪拌摔打至產生黏性，取一點點煮熟試吃並調整鹹度。

2. 用肉餡包覆水煮蛋，捏紮實後沾附炸粉，靜置回潮。

3. 炸鍋熱油，丟一點粉塊會起泡泡的程度就可將蘇格蘭蛋下鍋油炸。

4. 視厚度約5分鐘左右，表面呈金黃色即可撈起瀝油，準備享用。

 料理方式油炸或油煎皆可，蛋黃熟度亦可依喜好自行調整。

冷藏可存放 2 天，食用前再加熱即可。

淨碳水化合物	[脂肪]	[熱量]	[膳食纖維]	[蛋白質]
3.2g	**15.8**g	**234**kcal	**0.3**g	**19.5**g

鹹蛋苦瓜

苦瓜清熱降火又能養顏美容，是熱炒常見料理。將苦
瓜切薄片可加快料理出餐速度，鹹香的金沙與苦甘味
無違和，不怕苦味的人也可使用綠苦瓜或山苦瓜。

10 分鐘

1 人份

材料

苦瓜 ………… 半顆，250g（切片）
鹹蛋 ………… 1 顆
青蔥 ………… 1 株（切末）
鵝油 ………… 20ml
水 …………… 適量

作法

1. 將鹹蛋的蛋黃、蛋白分開後個別捏碎。

2. 起油鍋放入鹹蛋黃，以鍋鏟壓炒蛋黃至產生油泡呈金沙狀。

3. 放入苦瓜炒勻，讓蛋黃均勻沾附在苦瓜上。

4. 加入蛋白拌炒均勻，可視苦瓜熟軟度加少許水燜煮一下。

5. 拌入蔥綠，苦瓜軟化即可盛盤。

淨碳水化合物	[脂肪]	[熱量]	[膳食纖維]	[蛋白質]
3.8g	20g	129kcal	7.4g	9.1g

茶葉蛋

不要小看這一鍋！上班族、外食族、運動補給、早餐
或下午茶，當作冰箱常備菜都很方便，可以說是小兵
立大功呢！製作前，雞蛋外殼務必仔細清洗。

60 分鐘

10 人份

淨碳水化合物	[脂肪]	[熱量]	[膳食纖維]	[蛋白質]
0.9g	**4.4**g	**73**kcal	**0**g	**7.9**g

材料

常溫雞蛋 ……… 10 顆　　醬油 ………… 80g
滷包 ………… 1 個　　玫瑰鹽 ……… 約 3g
紅茶包 ……… 4 包　　水 ………… 1000c.c.

作法

方法1：電鍋一鍋到底

1. 滷包、茶包、鹽、醬油，先放入內鍋鍋底。

2. 雞蛋氣室部位輕輕敲微裂。

> **Tip** 如無把握可控制好敲擊力道，可先煮熟。

3. 雞蛋放入內鍋排列好，加水淹過蛋。

4. 外鍋加入2杯水蒸煮，約15分鐘過後打開鍋蓋、翻動並敲裂蛋殼，再繼續烹煮，跳起後悶半小時以上。

方法2：電鍋分段作法

1. 外鍋底部鋪上餐巾紙，倒入米杯水約2小格的容量。放入蒸架，擺好雞蛋、按下開關蒸煮。

2. 電鍋跳起後悶5分鐘，取出雞蛋沖冷水，稍微敲裂蛋殼。

3. 取內鍋放入全部材料，加水淹過雞蛋。

4. 外鍋加入1.5杯水，跳起後悶半個小時以上。

方法3：瓦斯爐煮法

1. 用湯匙輕敲雞蛋較圓的一端，敲出裂痕，避免烹煮過程因壓力爆開。

> **Tip** 可利用不鏽鋼湯匙敲裂蛋殼。

2. 加入冷水淹過雞蛋，加入一匙鹽，以中小火煮滾5～7分鐘。

3. 水煮蛋完成，沖冷水降溫，稍微敲裂蛋殼幫助入味。

4. 另取一鍋，放入水、調味及滷包，開始煮滷汁。

5. 將水煮蛋放進滷汁，加蓋以小火滾煮至少30分鐘，熄火靜置讓蛋入味。

> **Tip** 看蛋殼顏色若覺得不夠入味，可延長悶煮時間，悶煮越久越入味。
>
> 浸泡滷汁冷藏一晚後再次煮滾更好吃。
>
> 滷汁保存得宜可重複烹煮使用。

花生醬

20 分鐘

30 人份

如果買不到無添加的安心花生醬，就自己動手做吧！完成的花生醬因不含防腐劑，需放冷藏保存，並於1個月內食用完畢。

材料

生花生 ………… 600g
海鹽 ………… 少許

作法

1. 清洗花生並瀝乾水分。

2. 烤箱預熱至175度，放入生花生烘烤10～15分鐘

 Tip 也可以使用鍋子以小火慢炒至花生皮色變深、表面滲油、香味出現即可。

3. 花生一熟立刻離火，以免溫度繼續升高烤焦泛苦，離鍋置涼後即可去皮。

4. 去皮花生倒入果汁機磨碎，過程中會慢慢出現油脂，可以加入少許海鹽。

5. 攪打成喜歡的顆粒細緻度與濃稠度即可放涼裝瓶。

淨碳水化合物

0.5g

[脂肪]
2.6g

[熱量]
574 kcal

[膳食纖維]
0.05g

[蛋白質]
34.5g

美乃滋

10 分鐘

4 人份

掌握小技巧，自製美乃滋其實十分容易，而且確保無添加，使用品質好的油脂與雞蛋，好吃又安心。

材料

蛋黃 ………… 1 顆
酪梨油或無味椰子油 … 100ml
玫瑰鹽 ………… 2g
檸檬汁 ………… 5ml
米醋 / 蘋果醋 … 5ml
黃芥茉 ………… 1 匙（可省略）
赤藻醣醇 ……… 1 匙（可省略）

作法

1. 將酪梨油以外的材料攪拌均勻，打散至顏色稍微變淺乳化。

2. 先加入2匙酪梨油攪拌2～3分鐘至乳化，再陸續分次少量加入繼續攪拌。

   Tip 不要一次加入大量的油，避免油水分離。

3. 乳化至不易流動狀態，裝入消毒乾燥的密封容器裡，置於冰箱可以保存2週。

   Tip 可使用電動打蛋器以快速完成。或是放入消毒過的密封玻璃罐，鎖緊蓋子，上下快速搖動直至乳化。

淨碳水化合物	[脂肪]	[熱量]	[膳食纖維]	[蛋白質]
0.4 g	25.9 g	232 kcal	0 g	0.6 g

小吃料理

TRADITIONAL
SNACKS

進行低醣/ 減醣料理就無法再吃

傳統小吃或夜市美食？

其實自己動手料理，取代部分高醣食材，

並將糖分移除，

不論是湯圓、煎包等特色美食，

都能安心享用！

自製脆瓜

10 分鐘

1 人份

這道小菜不僅食材準備簡單、作法也很容易，即使鮮少料理的廚藝新手也能輕鬆上手。
可做冰箱常備菜，或做成本書第70頁的瓜仔肉丸。

材料

小黃瓜 300g

調味

無糖醬油 60ml
米醋或無糖蘋果醋 40ml
水 ... 適量（淹沒食材並調整鹹淡用）
赤藻醣醇 30g

作法

1. 小黃瓜切成約1～1.5cm的厚度。

2. 將小黃瓜放入滾水中煮2分鐘，再撈起瀝乾，泡冰水冷卻。

3. 小黃瓜冷卻降溫後撈起瀝乾放入鍋中，再加入全部調味料，以中小火煮約3分鐘。

4. 將整鍋連同醬汁置涼後，放入已消毒玻璃密封容器，冷藏2天待醬汁入味即可享用。

淨碳水化合物	[脂肪]	[熱量]	[膳食纖維]	[蛋白質]
8.5g	0.6g	98kcal	3.9g	15g

乾酪烏魚子

3　分鐘
1　人份

棗子和烏魚子都是台灣過年期間常見的食物，將它們搭配在一起成為一口小點心，意外的合拍，簡單又營養的小點心，大人小孩都喜歡呢！

材料

一口烏魚子⋯⋯ 4 片（約 35g）
乾酪⋯⋯⋯⋯ 4 片
棗子⋯⋯⋯⋯ 1/4 顆，切成 4 小片

作法

1. 將乾酪、棗子、烏魚子各分切成4片。
2. 將烏魚了以中小火煎或烤3～5分鐘。
3. 將棗子、乾酪、烏魚子依序堆疊即可。

淨碳水化合物	[脂肪]	[熱量]	[膳食纖維]	[蛋白質]
16g	**13.4**g	**284**kcal	**0.3**g	**30**g

自製魚漿

有一些加工製品大家會因安全疑慮而不敢吃，如果自己製作就可以放心吃了呢！喜歡在有空閒時自製魚漿，將魚漿塑形後水煮或煎炸食用都很美味。也可以製作成本書的魚丸、苦瓜封肉。

20 分鐘

3 人份

材料

 作法

白肉魚 ·········· 300g（淨重）
鹽 ·················· 5g
豬板油 ·········· 30g（絞碎）
冰水或冰塊 ····· 80g

1. 將白肉魚買回後，先去骨、去皮、去筋，切成小塊，放入冰箱冷凍。

 也可以請魚攤幫忙處理，更為省事。

2. 將半解凍的魚肉放入食物調理機中絞碎，再加入鹽、豬板油以低速攪拌，並將冰水分次倒入，待所有食材攪拌均勻、呈現漿狀就完成了！

 打魚漿時要保持冰涼狀態才易成功，所以利用半解凍魚肉和冰水保持低溫。

如果沒有食物調理機，可將半解凍的魚肉、豬肉、鹽混合後反覆剁切為泥狀。

淨碳水化合物	[脂肪]	[熱量]	[膳食纖維]	[蛋白質]
26g	5g	**130**kcal	0g	**20**g

手工魚丸

手工魚丸的作法其實不難，只是小小費工了一點，但是能吃得安心又美味，絕對值得。可以向信任的店家購買成分單純的魚漿，或參考本書第164頁自製。

20 分鐘

4 人份
4cm 魚丸
約 20 顆

淨碳水化合物
3.9g

[脂肪]
11g

[熱量]
2.6kcal

[膳食纖維]
1.8g

[蛋白質]
26g

材料　旗魚漿 ⋯⋯ 約320g(或其他白肉魚漿)　調味　白胡椒 ⋯⋯⋯⋯⋯ 少許
　　　　細絞肉 ⋯⋯⋯⋯⋯ 約190g　　　　　　　　洋蔥粉 ⋯⋯⋯⋯⋯ 少許
　　　　芹菜珠 ⋯⋯⋯⋯⋯ 10g（也可省略）　　　　　香蒜粉 ⋯⋯⋯⋯⋯ 少許
　　　　　　　　　　　　　　　　　　　　　　　　　玫瑰鹽 ⋯⋯⋯⋯⋯ 少許
　　　　　　　　　　　　　　　　　　　　　　　　　鵝油 ⋯⋯⋯⋯⋯⋯ 少許

 作法　

1. 將旗魚漿（作法請見 P.164）、細絞肉、芹菜珠放入調理機攪拌均勻。

   Tip 如果沒有食物調理機也可以用湯匙以同一方向攪拌混合均勻。

   芹菜珠可以視個人喜好替換成蔥花、香菜、紅蘿蔔等食材。

1

2. 加入全部調味料，攪拌至呈現均勻細緻有黏性的狀態。

   Tip 調味使用鵝油會比較香，也可換成其他食用油。

   可以取出一小塊煮熟試吃，再調整鹹淡口味。

2

3. 用兩根湯匙取出魚肉漿塑形整圓，或利用虎口捏擠出圓形。

3

4. 將魚丸漿一顆顆依序放入熱水中，煮至浮起即可。

5. 魚肉丸瀝乾後可分裝冷凍保存。

自製咖哩

市售的咖哩塊大多含麵粉、糖和添加物，不妨自製比較安心。利用鮮奶油與起司讓自製咖哩更濃郁，還可搭配蒟蒻米或剁碎炒熟的花椰菜，成為一盤香噴噴的低醣咖哩飯。

30 分鐘

2 人份

材料

 作法

雞肉 ················ 200g（切塊）
紅蘿蔔 ·············· 70g（切丁）
地瓜 ················· 30g（切丁）
洋蔥 ················· 80g（切丁）
蘑菇 ·················· 數朵（切片）
橄欖油 ··············· 20ml
動物性鮮奶油 ········ 200ml
水 ··················· 適量

調味A

薑黃粉 ··············· 3.5g
孜然粉 ··············· 1.5g
五香粉 ··············· 1g
紅椒粉 ··············· 1g
香蒜粒 ··············· 1g
月桂葉 ··············· 1片

調味B

無糖可可 ············· 15g
無糖醬油 ············· 10ml
起司絲 ··············· 適量

1. 開中小火，倒入橄欖油熱油鍋，將雞肉煎至表面呈金黃色澤後盛起備用。

2. 接著放入洋蔥、紅蘿蔔、地瓜，炒至洋蔥軟化。

3. 倒入雞肉、蘑菇和地瓜，加入調味A拌炒出香氣，再倒入鮮奶油和水，以小火加蓋燉煮。

 「調味 A」可以挑選成分單純的市售咖哩粉取代。

鮮奶油也可用低糖椰漿取代，風味各異。

4. 待食材軟化熟爛時，加入調味B，依口味調整鹹淡即可。

 「調味 B」中的無糖可可和醬油能增添風味與色澤；起司絲可豐富味道層次並增加濃稠度。

淨碳水化合物	[脂肪]	[熱量]	[膳食纖維]	[蛋白質]
11g	**58**g	**644**kcal	**2.7**g	**32**g

低醣酸辣湯

使用洋車前子粉取代傳統太白粉勾芡，製作出這道美味的低醣酸辣湯。洋車前子粉富含膳食纖維可刺激腸胃蠕動，遇水膨脹易有飽足感，故需酌量使用以免造成腹脹，食用後需多喝水。

20 分鐘

4 人份

材料

食材 A

豬肉	50g（切絲）
筍絲	50g
黑木耳	20g（切絲）
金針菇	20g（切段）
紅蘿蔔	20g（切絲）

食材 B

豬血	20g（切長條狀）
豆腐	20g（切長條狀）

調味

無糖醬油	適量
白胡椒	適量
鹽	適量
醋	適量
辣油	適量

其他

雞蛋	2 個（打散）
香菜	少許（切末）
洋車前子粉	每 150ml 水搭配 2g

作法

1. 取一湯鍋加入適量的水、「食材A」的全部材料。

2. 湯鍋煮沸後轉中火，避免湯溢出，加入「食材B」，再次煮滾後轉小火。

3. 依喜好加入「調味」材料後，不停攪拌並慢慢加入洋車前子粉，避免結塊。

4. 接著以順時針方向攪拌湯汁，趁液體旋轉時加入蛋液後，靜置一會兒待凝固。

5. 蛋花浮起，撒上香菜末就完成了。

淨碳水化合物 **1.1**g	[脂肪] **3**g	[熱量] **60** kcal	[膳食纖維] **1.3**g	[蛋白質] **6.7**g

麻辣鴨血

鴨血脂肪含量非常低，富含蛋白質，所含的氨基酸比例與人體中氨基酸的比例接近，極易被消化、吸收。以中醫角度來說，鴨血性平，是降脂排毒的好食材。這道麻辣鴨血煮越久越入味，寒冷的冬天來上一鍋，令人大呼過癮。

60 分鐘

1 人份

材料

 作法

鴨血 ⋯⋯⋯⋯ 約 150g
雞架骨 ⋯⋯⋯ 1 副
乾辣椒 ⋯⋯⋯ 5 條（切段）
花椒 ⋯⋯⋯⋯ 適量
蔥 ⋯⋯⋯⋯⋯ 少許（切段）
薑 ⋯⋯⋯⋯⋯ 適量（切片）
蒜頭 ⋯⋯⋯⋯ 約 10 小瓣
無糖醬油 ⋯⋯ 50g
辣油 ⋯⋯⋯⋯ 50g
豆瓣醬 ⋯⋯⋯ 80g
滷包 ⋯⋯⋯⋯ 1 個
玫瑰鹽 ⋯⋯⋯ 適量
水 ⋯⋯⋯⋯⋯ 1000ml
橄欖油 ⋯⋯⋯ 10ml

蔬菜配料
高麗菜 ⋯⋯⋯ 50g
小黃瓜 ⋯⋯⋯ 20g
玉米筍 ⋯⋯⋯ 20g

1. 煮一鍋滾水，轉小火，將鴨血稍微燙10分鐘，撈起切塊。

2. 接著將雞架骨放入鍋中燙一下，去除血水與雜質。

   Tip 雞架骨一般超市都有賣，主要為熬湯底用，具營養價值又能增添湯頭風味。

3. 另起一湯鍋，以中火熱油鍋，放入花椒、蔥段、薑片、辣椒片和蒜頭稍微拌炒一下，散發香氣後再加入辣油、豆瓣醬略炒。

4. 放入滷包、雞骨，並加入水，以中火煮滾。

   Tip 滷包可於超市或中藥行購買。

5. 加入適量無糖醬油、玫瑰鹽，以小火繼續熬煮約30分鐘，試喝一下湯頭有入味，就可以濾渣，只留下湯底。

6. 放入鴨血、蔬菜等配料煮滾即可，鴨血久煮更入味喔！

淨碳水化合物	[脂肪]	[熱量]	[膳食纖維]	[蛋白質]
24.7 g	**77** g	**786** kcal	**5.6** g	**50** g

無糖韓式泡菜

一般韓式泡菜需添加糯米粉、果泥、魚露等調味料，用最單純的食材，完成美味度不減的無糖韓式泡菜。圈媽改變整株醃漬的手法，改以不沾手的製程。因為家中有個時不時就會施展召喚術的孩子，所以我做菜都盡量避免一直洗手、擦乾的過程，能省事省時最好。

120 分鐘

10 人份

淨碳水化合物	[脂肪]	[熱量]	[膳食纖維]	[蛋白質]
2 g	**0.2** g	**16** kcal	**1.5** g	**1.6** g

材料

食材 A

大白菜	一顆,約 950g
冷開水	蓋過白菜的水量(浸泡用)
浸泡鹽	約 30g
醃漬鹽	約 20g
紅蘿蔔	20g(切絲)
蔥綠	30g(切段)
洋蔥	100g(切絲)

醃醬材料

蔥白	適量(切末)
大蒜	2〜3 瓣(切片)

薑	3〜4 片(切末)
韓式辣椒粉	約 50g
克菲爾乳清或天然醋	約 20ml(也可省略)
玫瑰鹽	約 2 小匙(調整鹹度)

工具

大塑膠袋或保鮮盒
大鍋子或調理盆
發酵用玻璃罐或保鮮盒
(皆需消毒、乾燥、無水、無油)

 作法

1. 將大白菜的根部劃十字刀痕,接著用手撕開成四等份。

    用高麗菜製作也很好吃喔!

2. 將大白菜放入加了30g鹽的冷開水中,水需淹過白菜(也可以用用重物壓著),浸泡約20〜30分鐘。

    浸泡的水需使用過濾水或煮過放涼的開水,避免汙染。

   泡鹽水、切段拌鹽是偷吃步的作法,省去一片一片抹鹽。

1

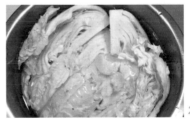

2

3. 利用等待時間進行備料。將紅蘿蔔、洋蔥切絲，蔥綠切段備用。

 Tip 也可加入蘋果泥、梨子泥或白蘿蔔作為天然甜味劑，但碳水量會增加。

3

4. 蔥白、蒜末、薑片切末，與韓式辣椒粉、乳清或醋、玫瑰鹽混合均勻，再拌入蔥段、紅蘿蔔絲和洋蔥絲，混合好備用。

 Tip 如果沒有克非爾乳清，用糯米醋或蘋果醋等無添加醋也可以，或是都不添加，讓白菜自然發酵。

4

5. 將大白菜自鹽水取出，用涼開水沖洗後，切成約3至4公分的適口大小（切太小會失去爽脆感）。將菜放進乾淨的大塑膠袋或保鮮盒中，加入醃漬鹽20g。

 Tip 使用塑膠袋或保鮮盒避免沾手。如果徒手操作建議戴手套，以免污染或手碰到醬料而刺痛。

所有器具都需消毒，製作過程避免接觸到生水，以免變質腐壞。

5

6. 讓袋中保留空氣，抓緊袋口，搖晃均勻（此步驟也可以用大保鮮盒搖勻，或用手拌勻）。

6

7. 靜置或用鑄鐵鍋等重物壓30～60分鐘，待大白菜出水後，用冷開水沖洗2～3次，洗去鹽分，然後擠乾水分。

7

8. 將擠乾水分的白菜與醃料拌勻，稍微試一下口味，可酌量增加辣椒粉或玫瑰鹽（完成後的辣、酸、鹹度都會增加，請自行斟酌調整）。

8

9. 將泡菜裝入玻璃瓶中（約七分滿就好），加蓋並放於陰涼處發酵，約1～3天完成。可以進行試吃，入味即可冷藏，才能保鮮並延緩發酵。

9-1

 Tip 因為發酵過程會產生氣體，白菜也會繼續出水，所以裝瓶時只要七、八分滿就好。

氣溫會影響發酵時間，溫度越高發酵速度越快。醃製時間依個人喜好調整，天數越久越酸，冷藏可延緩變酸。

常溫發酵如酸度已夠，務必冷藏，二週左右仍可保持爽脆。等過酸或軟化時，可拿來煮湯、炒肉。

9-2

蒟蒻米鹼粽

兒時很愛淋上果糖或蜂蜜的鹼粽，長大後則喜歡沾砂糖吃，沙沙脆脆跟軟Q的雙重口感，甜蜜好滋味讓人難以忘懷！利用蒟蒻米跟洋車前子粉，製作出這道簡單、無澱粉的鹼粽，讓夏天多一種甜點選擇。炎熱的午後，來顆冰冰涼涼的鹼粽當甜品，無比幸福滿足。

30 分鐘

5 人份

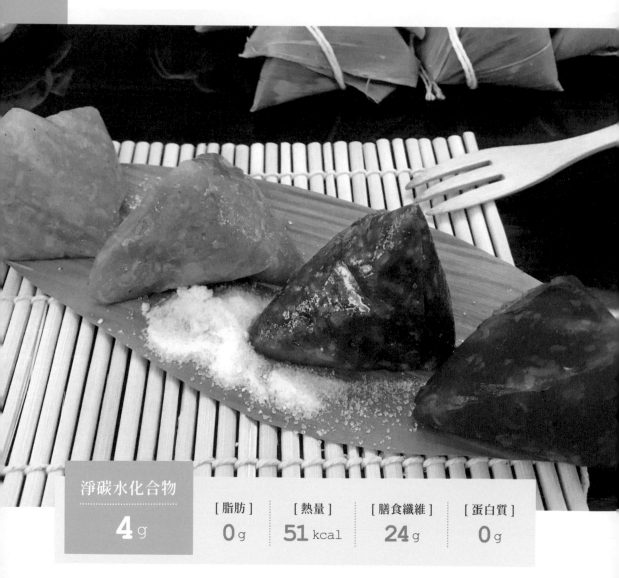

淨碳水化合物	[脂肪]	[熱量]	[膳食纖維]	[蛋白質]
4g	**0**g	**51** kcal	**24**g	**0**g

材料

蒟蒻米	300g
洋車前子粉	100g
冷開水	400ml
赤藻醣醇	30g

調色材料
黃色：薑黃粉 ⋯⋯⋯ 少許
綠色：抹茶粉 ⋯⋯⋯ 少許
紅色：紅麴粉 ⋯⋯⋯ 少許

1

 作法

1. 將蒟蒻米用過濾水清洗二次後，放入滾水中燙一分鐘，撈起瀝乾。

2. 將蒟蒻米平均分成四等份，分別加入天然染色材料並拌勻，靜置半小時。

3. 粽葉可依喜好裁剪成適當尺寸，放入蒟蒻米後開始包粽子。

4. 包好後放入電鍋中，外鍋加入半杯水蒸熟。蒸熟後取出靜置放涼等待定型即可。

 Tip 放入冰箱冷藏過後會更Q彈好吃。

2-1

2-2

3

4

無米肉粽

這份食譜的分量約可包7顆肉粽，製作好可放於冰箱冷藏、冷凍，食用前再用電鍋蒸熟即可，但需注意務必放涼定型後再打開粽葉，不然會糊掉變形。

90 分鐘

7 人份

 材料

食材 A

鹹蛋黃	7 顆
三層肉	100g（切塊）
粽葉	14 片（每顆粽子使用 2 片）
鵝油蔥酥	15g
椰子油	30g
金鉤蝦	1 把（泡軟瀝乾）
乾香菇	數朵（泡軟瀝乾）
蒟蒻米	300g
洋車前子粉	40g
杏鮑菇	50g（切末）
熟竹筍	20g（切丁）
菜脯	10g（切丁）

調味 A

紹興酒	少許
無糖醬油	10ml
黑胡椒	適量
五香粉	適量

調味 B

無糖醬油	10ml

淨碳水化合物
2.5 g

[脂肪]
19.4 g

[熱量]
246 kcal

[膳食纖維]
11.5 g

[蛋白質]
9.6 g

作法 ....

1. 將蛋黃保持一點間距平鋪在烤盤上，蛋黃表面噴灑少許紹興酒，放入烤箱以110度烘烤10～15分鐘。

1

2. 三層肉切成小塊，加入「調味A」混合均勻，靜置15分鐘進行醃漬。

3. 將粽葉洗淨、泡水約20分鐘，使其軟化後瀝乾。

2

4. 金鉤蝦、香菇泡水後瀝乾。開中小火，在平底鍋中放入鵝油蔥酥、椰子油爆香金鉤蝦、香菇。

> **Tip** 泡發香菇的水需留著備用。

3

5. 加入三層肉煎至焦香，倒入「調味B」煮至醬汁稍微收乾，盛起固體食材。

6. 將蒟蒻米洗淨瀝乾，和杏鮑菇末混合。倒入平底鍋內與醬汁一起拌炒，如果怕鹹度不夠，可以再加入少許醬油（材料分量外），稍微收乾即可盛起。

4

> **Tip** 也可以將白花椰菜或杏鮑菇切末取代蒟蒻米，分量大約為 80 ～ 120g。

5

7. 在蒟蒻米中加入40g洋車前子粉、40～50ml的水或泡發香菇的水快速拌勻避免結塊，靜置約半小時。

6

8. 將所有食材備妥後就可以開始包粽子了。把粽米放入粽葉中並盡量壓扁貼附在葉上，以便包進大量的粽子內餡。

7

9. 填入三層肉、香菇、菜脯、蝦、蛋黃和筍丁並壓緊實。

8

10. 再覆蓋一層粽米後壓實，塑形粽子並用棉繩綁緊。

9

11. 將粽子放入電鍋內鍋中，外鍋加入3/4杯水蒸熟後，開蓋靜置冷卻，待定形後再打開食用。

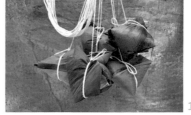

10

蒟蒻米偽炒飯

蒟蒻又稱「魔芋」，是一種草本植物，低GI、低熱量，含豐富可溶性纖維，在日本是廣泛使用的食材，能促進腸胃蠕動且有飽腹感。可於網路、部分超市或生機食品店購得。

蒟蒻是減重與增加飽足感的好食材，但是應避免食用過量，以免太過飽足而犧牲攝取其他食物營養的機會。如不喜歡蒟蒻米的口感，也可將白花椰菜剁碎取代。

10 分鐘

1 人份

材料

蒟蒻米	100g
碎烏魚子或鮪魚	適量
雞蛋	1 顆
蔥花	適量
蒜頭	1 瓣（切末）

調味

橄欖油	10ml
玫瑰鹽	適量
黑胡椒	適量
帕瑪森起司粉	適量

淨碳水化合物

3.6g

[脂肪] **28**g

[熱量] **338**kcal

[膳食纖維] **11.7**g

[蛋白質] **12**g

作法

1. 將蒟蒻米用過濾水清洗二次以去除味道，瀝乾備用。

2. 起油鍋，打散一顆蛋加入，鍋邊爆香蒜末，以中小火將蛋炒鬆散。

3. 加入蔥花、碎烏魚子炒香。

 Tip 炒飯配料可依個人喜好變換。

4. 倒入確實瀝乾的蒟蒻米拌炒均勻。

5. 以玫瑰鹽、黑胡椒調味，並收乾水分。加入適量帕瑪森起司粉拌炒均勻，即可完成一盤粒粒分明、濕潤微黏稠的仿真炒飯。

 Tip 偽炒飯的小法寶就是起司粉，但要注意少量即可，太多就會失真，可能會變成燉飯。

鮮肉湯圓

這個鮮肉湯圓的配方亦可製作成水晶餃或小肉圓，不僅外表小巧可愛，還可以帶來滿滿飽足感。每逢冬至或元宵都會出現在我家餐桌，討喜又可口。

20 分鐘

1 人份

外皮

洋車前子粉	15g
烘焙杏仁粉	3g
帕馬森起司粉	3g
奇亞子	1.5g
水	100ml

肉餡

絞肉	40g
蔥花	少許
白胡椒	少許
五香粉	少許
玫瑰鹽	少許
無糖醬油	5ml

鹹湯基底

豬肉絲	少許
泡發香菇	1 朵（切片）
蝦或金鉤蝦	少許
紅蔥頭	1 匙
茼蒿	1 株
白胡椒	適量
無糖醬油	適量

作法

1. 將所有「外皮」的粉類材料拌勻，先加入60ml水攪拌，之後一邊攪拌一邊慢慢加水，直至無乾燥粉粒為止。靜置30分鐘，等水分被吸收變成粉團，分成四等份搓圓備用。

2. 將所有「內餡」材料攪拌至產生黏性。

3. 截一小塊保鮮膜放於手掌上，再放上一份湯圓外皮，壓扁後放上肉餡。

4. 利用保鮮膜收口、塑整成球狀即完成。用同樣方法將其他湯圓製作完成。

5. 在鍋中加入「鹹湯基底」食材（除茼蒿以外）先爆香，再注入水、調味料，煮滾後加入茼蒿。

6. 準備另一鍋清水放入湯圓煮熟後，撈起放入鹹湯中即完成。

Tip 如果喜歡湯圓外皮軟一些，可以拉長煮的時間，但相對的容易破掉，需小心拿捏。

6

淨碳水化合物	[脂肪]	[熱量]	[膳食纖維]	[蛋白質]
11g	**13**g	**289**kcal	**19**g	**37.5**g

無麵粉煎包

用椰子粉、洋車前子粉取代一般麵粉製成的煎包，不僅可成功避免攝取到高碳水，還能大口享受美味呢！也可以自行變化吃法，利用粉皮材料製作成無麵粉蔥油餅或韭菜盒外皮。這道點心稍費工夫，但很有飽足感，我偶爾會拿來當作正餐呢！

30 分鐘

8 人份

淨碳水化合物	[脂肪]	[熱量]	[膳食纖維]	[蛋白質]
1.5g	**10**g	**122**kcal	**3**g	**5.8**g

材料

溫水 ………… 270ml
椰子油 ……… 45g

粉皮

椰子粉 ……… 90g
洋車前子粉 … 25g
泡打粉 ……… 1ml
鹽 …………… 少許

肉餡

絞肉 ………… 200g
蔥花 ………… 大量
無糖醬油 …… 10ml
玫瑰鹽 ……… 適量
白胡椒 ……… 適量
五香粉 ……… 少許
鵝油 ………… 5ml
紹興酒 ……… 5ml
高湯 ………… 20ml

 作法

1. 將「肉餡」的全部材料拌匀，以同方向攪拌至水分吸收並出現黏性，冷藏備用。

2. 將「粉皮」的材料拌匀，加入椰子油，溫水先加一半攪拌至吸收後，再以約30c.c.的量分次加入，直到成糰。

3. 將粉糰分成8等分，搓圓後壓成厚約0.5cm片狀。

 可將保鮮膜鋪平，放上粉糰並覆蓋擀平，也可使用保鮮膜協助煎包收口與塑形。（可參考 p.188 鮮肉湯圓的製作圖解）

4. 取出肉餡分成八份，捏成圓球狀，分別包入粉皮並收口。

5. 起油鍋，將煎包間隔擺放入鍋中（收口朝下），煎時會稍微膨脹，煎至兩面呈金黃色澤即可起鍋。

酒香甜米糕

15 分鐘

1 人份

兒時每逢立冬，媽媽總會煮一鍋酒香米糕，低醣飲食難道
就跟傳統美食無緣了嗎？來看看如何不使用糯米、二砂或
黑糖，變出一碗健康美味的兒時回憶吧！

材料

蒟蒻米	100g
洋車前子粉	7g
赤藻醣醇	10g
飲用水	10g
高粱酒	10g

作法

1. 將蒟蒻米反覆清洗乾淨，以滾水燙30秒後瀝乾。

2. 先將洋車前子粉、赤藻糖醇混合均勻，再加入蒟蒻米中快速拌勻，避免結塊不均。

3. 再加入水、酒後放入電鍋內鍋，外鍋加入半杯水，電鍋開關跳起置涼即可。

淨碳水化合物	[脂肪]	[熱量]	[膳食纖維]	[蛋白質]
2.1g	**0**g	**49**kcal	**17**g	**0.3**g

甜湯圓

10 分鐘

1 人份

這個外皮配方甜鹹通用，內餡可使用無糖芝麻醬、無糖花生醬或可可膏。如果不包餡料，搓成小湯圓也一樣能夠滿足味蕾。

材料

外皮

洋車前子粉	15g
烘焙杏仁粉	3g
帕馬森起司粉	3g
奇亞籽	1.5g
水	約100ml

調色材料

黃色：薑黃粉	少許
綠色：抹茶粉	少許
紅色：紅麴粉	少許

湯底

動物性鮮奶油	適量

作法

1. 將所有「外皮」的粉類材料拌勻，先加入60ml水攪拌均勻，之後一邊拌勻一邊慢慢加水，直至無乾燥粉粒。

2. 如欲調色，可取一小團混入色粉，捏拌均勻即可。

3. 調色好靜置30分鐘，等水分被吸收變成粉團，開始搓圓備用。

4. 煮一鍋清水燙熟湯圓，然後撈起放入鮮奶油中即可。

淨碳水化合物	[脂肪]	[熱量]	[膳食纖維]	[蛋白質]
1.8g	**40.7**g	**390**kcal	**13.7**g	**2.7**g

Part6

點心料理

DESSERT

餅乾蛋糕是偶爾嘴饞時想要
吃上一點兒的零食小點，
因為是偶爾一吃、不是餐餐必備的料理，
所以此章節的食譜皆是以簡單的
食材與配方製作，
可避免囤積過多粉材造成浪費，
更能無負擔的享受美味。

奶蓋咖啡

3 分鐘

1 杯

奶蓋咖啡利用鮮奶油創造出綿密的口感,也可更換基底,
製作出奶蓋紅茶、綠茶或可可喔!

材料

動物性鮮奶油 ·············· 40ml
赤藻醣醇 ··················· 5g
黑咖啡 ····················· 150c.c.
冰塊 ······················· 適量
玫瑰鹽 ····················· 少許

作法

1. 在附有蓋子的玻璃罐中倒入動物性鮮奶油和
   赤藻糖醇,用力上下搖晃至沒有聲音。

    Tip 天氣較熱時,建議將鮮奶油放在冰箱冷藏
   備用。

2. 利用濾掛式咖啡或是現煮咖啡,加入冰塊再
   覆蓋上鮮奶油、並撒上一點玫瑰鹽即完成。

淨碳水化合物	[脂肪]	[熱量]	[膳食纖維]	[蛋白質]
3g	**15.6**g	**136**kcal	**1**g	**0.8**g

草莓優格

3 分鐘

1 杯

可以使用自製優格或克菲爾，或是挑選每100g含糖量低於5g、成分天然單純的市售無糖優格。

材料

無糖優格 ·················· 100ml
草莓 ······················· 約20g

作法

1. 將自製或市售無糖優格盛入容器中。

2. 草莓洗淨分切成小塊，裝飾於優格上即可。

 也可將草莓替換成藍莓。

淨碳水化合物	[脂肪]	[熱量]	[膳食纖維]	[蛋白質]
7.2g	**1.9**g	**64**kcal	**0.4**g	**4**g

杏仁可可餅乾

此款餅乾經過改良，呈現非傳統麵粉餅乾的酥脆口感，而是較為紮實的質地。如果是素食者，也可不加蛋液。

30 分鐘

20 份

材料

烘焙杏仁粉 ⋯⋯⋯⋯⋯⋯ 180g
無糖可可粉 ⋯⋯⋯⋯⋯⋯ 10g
赤藻糖醇 ⋯⋯⋯⋯⋯⋯ 40g
玫瑰鹽 ⋯⋯⋯⋯⋯⋯ 少許
無鹽奶油 ⋯⋯⋯⋯⋯⋯ 100g
雞蛋 ⋯⋯⋯⋯⋯⋯ 1 顆

作法

1. 將杏仁粉、可可粉、赤藻糖醇、玫瑰鹽攪拌混合。

2. 加入軟化的奶油與打散的蛋液，壓拌均勻。

3. 用保鮮膜包覆住粉糰，再擀平成厚度約0.5cm的片狀，放至冰箱冷凍30分鐘。

4. 取出粉糰，分切成適當大小或以餅乾模壓出形狀，平鋪在烤盤上。

5. 將烤箱預熱至180度，放入烤盤烘烤15～18分鐘，烤好後取出置涼，冷卻後再密封保存。

淨碳水化合物	[脂肪]	[熱量]	[膳食纖維]	[蛋白質]
1.8g	**8.8**g	**91** kcal	**1.4**g	**2**g

花生醬餅乾

充滿濃濃香氣的花生餅乾，不小心就會一口接一口，減重期間花生醬請酌量添加並食用。餅乾需密封保存，夏季可密封冷藏。

30 分鐘

20 份

材料

無糖花生醬	200g
赤藻糖醇	20g
雞蛋	1 顆
玫瑰鹽	少許

作法

1. 將烤箱以180度預熱20分鐘以上。

2. 將所有材料攪拌混合均勻成糰狀。

3. 用小冰淇淋勺或湯匙分成一小糰，放在鋪了烘焙紙的烤盤上，並保持一點間距。

4. 用手整圓或是壓平，厚度大約0.6cm。可以用叉子在表面壓痕裝飾。

5. 放入烤盤烘烤15～18分鐘，烤好後取出置涼5～10分鐘，待餅乾冷卻後再密封保存。

淨碳水化合物	[脂肪]	[熱量]	[膳食纖維]	[蛋白質]
1.4g	**4.1**g	**51**kcal	**1.6**g	**3.2**g

風味餅乾

這個餅乾配方主要以杏仁粉、黃豆粉製作，只要加入抹茶粉、芝麻粉、堅果碎等，就能變換成不同口味。

30 分鐘

30 份

淨碳水化合物	[脂肪]	[熱量]	[膳食纖維]	[蛋白質]
1.5g	**5.7**g	**60.8**kcal	**1**g	**1.7**g

材料

基底

烘焙杏仁粉 ············ 150g
黃豆粉 ················ 30g
赤藻糖醇 ············· 45g
玫瑰鹽 ··············· 少許
無鹽奶油 ············· 100g
雞蛋 ················· 1 顆

口味

紅茶茶包 ·············· 1 個
現磨咖啡粉 ··········· 8g

1

1

作法

1. 將杏仁粉、黃豆粉、赤藻糖醇、鹽混合均勻。

2. 加入軟化奶油與打散的蛋液，壓拌均勻。

3. 將粉糰均分成三等分。一份保留為原味；一份混入紅茶包內的茶葉；一份拌入咖啡粉。

Tip 紅茶茶葉如太大片可先磨碎。

4. 用保鮮膜將三個粉糰分別包覆住，再擀平為厚度約0.5cm的片狀，放入冰箱冷藏20分鐘。

5. 取出粉糰，分切成適當大小或以餅乾模壓出形狀，平鋪在烤盤上。

6. 將烤箱預熱至180度，放入烤盤烘烤15～18分鐘，烤好後取出置涼，待餅乾冷卻後再密封保存。

鮪魚鹹派

基礎派皮材料約可製作9個小派，內餡可依個人喜好更換，甜鹹皆可，除了示範的這道鹹派，也可以加入夏威夷豆巧克力（第208頁），做成生巧克力塔。

40 分鐘

9 個

淨碳水化合物	[脂肪]	[熱量]	[膳食纖維]	[蛋白質]
2.3g	**14.7**g	**172**kcal	**1.6**g	**7**g

材料

基礎派皮

黃豆粉 ·············· 45g
烘焙用杏仁粉 ······ 30g
椰子細粉 ············· 15g
鹽 ···················· 2g
無鹽奶油 ············· 30g
雞蛋 ·················· 1 顆

內餡（所有食材可依個人喜好增減）
絞肉 ··········· 40g（孜然粉抓醃）
花椰菜 ········ 3 小朵（切碎）

蔥花 ··········· 1 把
番茄 ··········· 1/4 顆（切碎）
洋蔥 ··········· 1/6 顆（切碎）
鮪魚罐頭 ········ 1/2 盒（瀝乾）
黑胡椒 ··········· 適量
玫瑰鹽 ··········· 適量
義式香料 ········· 適量
鮮奶油 ··········· 100ml
雞蛋 ············· 1 顆
起司 ············· 適量

 作法

1. 製作派皮。將黃豆粉、杏仁粉、椰子細粉、鹽混合均勻，再放入切成小丁狀的奶油，拌勻成沙沙的質地。

2. 慢慢加入蛋液，拌勻成糰。

> **Tip** 保留少許蛋液備用，待步驟 6 塗抹於派皮底部。

3. 將粉糰擀成約0.2cm厚度的片狀，放入冰箱冷藏20分鐘。

4. 烤箱預熱至180度。

5. 取出粉糰，入模切割、塑形，底部用叉子戳一些小洞。

6. 放入烤箱，以180度烘烤10分鐘後取出，在派皮底部洞洞處塗抹上蛋液，再烘烤3分鐘即可放涼待用。

> **Tip** 派皮可預先製作，密封冷凍保存。

7. 製作內餡。將鮪魚、絞肉、蔬菜炒至七分熟並調味好；將鮮奶油與雞蛋拌勻。

8. 在派皮內填充乾餡料與少許起司。

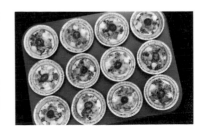

9. 填滿蛋奶液，再鋪上起司。

10. 放入烤箱中層，以180度烘烤約20分鐘，待蛋液凝固、起司融化即可。

熔岩布朗尼

20 分鐘

6 杯

此配方約可做成6個小杯子布朗尼，想要省略花生醬夾心也可以喔！如果沒有烤箱不妨用蒸的，大約20分鐘左右，成品口感略有不同，但一樣好吃。

材料

主體

烘培杏仁粉………… 70g
無糖可可粉………… 25g
赤藻糖醇…………… 40g
海鹽………………… 少許
中型雞蛋…………… 2 顆

夾心

90% 巧克力……… 少許，切碎
無糖花生醬………… 少許

作法

1. 將「主體」的材料全部混合攪拌均勻，製作成粉糊。

2. 在烤模中倒入一層粉糊，在正中央放入少許無糖花生醬和巧克力碎（不要碰到烤模）。

3. 再用一層粉糊覆蓋住夾心，並稍微抹平修飾表面。

4. 輕敲烤模幾下，將氣泡震出以避免成品組織有大空隙。

5. 烤箱預熱180度，烘烤15分鐘，烤好後取出置涼再脫模。

淨碳水化合物	[脂肪]	[熱量]	[膳食纖維]	[蛋白質]
5.9g	**10.6**g	**150**kcal	**2.4**g	**6**g

藍莓司康

20 分鐘

15 個

這款改良的低醣司康,風味雖然與一般市面上常見司康不同,但搭配上藍莓,卻也別有一番滋味。

材料

烘焙杏仁粉 ………… 230g

黃金亞麻仁籽粉 ……… 100g

椰子粉 ……………… 30g

赤藻糖醇 …………… 40g

無鉛泡打粉 ………… 1 小匙

玫瑰鹽 ……………… 少許

融化奶油 …………… 70g

雞蛋 ………………… 2 顆

鮮奶油 ……………… 50ml

藍莓 ………………… 120g

作法

1. 將杏仁粉、黃金亞麻仁籽粉、椰子粉、赤藻糖醇、泡打粉、鹽混合均勻。

2. 加入奶油、雞蛋、鮮奶油拌勻,再加入藍莓混合。

3. 利用模具塑形壓實,厚度約1.5cm。

4. 烤箱以180度預熱。

5. 將司康於烤盤上間隔擺放,烤箱烘烤約20分鐘左右,或直到表面上色即可。

 Tip 司康厚度會影響烘烤時間,如果看見表面呈現金黃色澤即可出爐。

淨碳水化合物	[脂肪]	[熱量]	[膳食纖維]	[蛋白質]
4.1 g	**16** g	**180** kcal	**4.2** g	**6** g

巧克力雞蛋糕

大人小孩都喜歡的雞蛋糕，可利用鬆餅機或小烤模來
製作。如果想吃原味，則省略材料中的可可粉。

20 分鐘

22 個

材料

烘焙杏仁粉 ·············· 60g
融化無鹽奶油 ·········· 30g
無糖花生醬 ············· 25g
100% 可可粉 ············ 10g
雞蛋 ·················· 2 顆
無鋁泡打粉 ············ 1 小匙
赤藻糖醇 ··············· 15g

鮮奶油 ················· 30ml
可可膏 ················· 20g（內餡用）

作法

1. 除了作為內餡的可可膏外的材料，全部放入調理盆攪拌均勻。

2. 將粉糊靜置十分鐘；鬆餅機進行預熱。

3. 在鬆餅機內先鋪上一層薄粉糊，於中央填入可可內餡後，再蓋上一層粉糊。接下來依照鬆餅機正常流程操作即可。

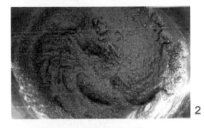

Tip 內餡選用 75% 以上的可可膏或鈕扣巧克力，如果怕苦可多加一些赤藻糖醇調整。

淨碳水化合物	[脂肪]	[熱量]	[膳食纖維]	[蛋白質]
0g	**4.8**g	**55**kcal	**1.7**g	**2.5**g

夏威夷豆巧克力

這一款巧克力小甜點簡單易作，運用小巧思加入敲碎的夏威夷豆增添口感，如果選用品質好的巧克力會更好吃喔！

20 分鐘

22 個

材料

90% 巧克力片 …… 300g（切碎）
動物性鮮奶油 …… 100g
無鹽奶油 …… 10g
夏威夷豆 …… 30g（敲碎）

 作法

1. 將巧克力片切碎成細末備用。

2. 鮮奶油、奶油放置於小鍋內隔水加熱並攪拌均勻，加入巧克力末攪拌至融化、質地均勻，邊緣冒泡即可離火。

1

3. 在模具內側刷上一層奶油（材料分量外），將巧克力液填至半滿，撒上少許夏威夷豆，再填滿巧克力液。

2

4. 至少冷藏四小時，或冷凍二小時後再脫模享用。

Tip 脫模後可裹上一層無糖可可粉，避免沾黏並增添風味。

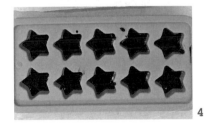
4

淨碳水化合物	[脂肪]	[熱量]	[膳食纖維]	[蛋白質]
3.6g	**9.3**g	**108**kcal	**2**g	**1.7**g

椰子高纖麵包

80 分鐘
410 g

家裡如果有麵包機就可以輕鬆做出這道高纖麵包。可依個人喜好添加少量香料，素食者可省略起司粉。搭配本書漢堡排（第76、92頁），就能延伸變化出三明治。

材料

乾料

椰子細粉 ……… 40g	
黃金亞麻仁籽粉 … 45g	
洋車前子粉 ……… 5g	
泡打粉 …………… 5g	
起司粉 …………… 5g	
鹽 ………………… 1g	

濕料

雞蛋 … 4 顆，約 220g
鮮奶油 …………70ml
椰子油 …………60ml

裝飾

杏仁片或碎堅果 … 5g

作法

1. 取兩個大盆，分別將乾料材料、濕料材料攪拌均勻後，再將兩者攪拌混合，靜置20分鐘。

2. 將粉漿倒入麵包機，把表面刮平，撒上杏仁片或碎堅果。

3. 麵包機設定「烤色淺」，烘烤1小時。

    Tip　如使用烤箱，請用小吐司模，烤箱預熱 200 度後烤約 40 ～ 45 分鐘。

4. 出爐後靜置擱涼，切片享用。

淨碳水化合物
0.7 g

[脂肪]　**15** g

[熱量]　**157** kcal

[膳食纖維]　**2.2** g

[蛋白質]　**4.2** g

鮮奶油蛋糕

20 分鐘

6 吋，1 個

這款鮮奶油蛋糕是以本書的可可戚風蛋糕或是輕乳酪蛋糕為蛋糕體，再加上鮮奶油、莓果等裝飾而成。

材料

6 吋蛋糕	1 個
動物性鮮奶油	200ml
赤藻糖醇	20g
莓果或巧克力	少許（裝飾用）

作法

1. 6吋蛋糕作法請見p.214。

2. 將動物性鮮奶油加入赤藻糖醇，使用電動攪拌器將鮮奶油攪打至硬性發泡，放入冰箱冷藏30分鐘。

3. 取出鮮奶油，均勻塗抹在蛋糕體上。

4. 加上草莓、藍莓或高純度巧克力片等喜歡的裝飾即可。

淨碳水化合物	[脂肪]	[熱量]	[膳食纖維]	[蛋白質]
41.8g	**109**g	**1151**kcal	**7.2**g	**32.6**g

輕乳酪蛋糕

這款蛋糕完全沒有使用麵粉，濕潤軟綿且有迷人蛋奶香，利用分蛋打發製造輕盈口感，冰涼以後更好吃，可密封冷凍保存，退冰之後食用。此輕乳酪蛋糕食譜，亦可變化做可可或抹茶口味。

80 分鐘

8 個

淨碳水化合物	[脂肪]	[熱量]	[膳食纖維]	[蛋白質]
4.3g	**10.5**g	**114**kcal	**0.9**g	**3.9**g

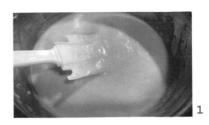

材料

奶油乳酪 ‧‧‧‧‧‧ 200g　　赤藻糖醇 ‧‧‧‧‧‧ 15g

蛋黃 ‧‧‧‧‧‧‧‧‧ 3 顆　　檸檬汁 ‧‧‧‧‧‧‧ 5g

蛋白 ‧‧‧‧‧‧‧‧‧ 3 顆

作法

1. 將奶油乳酪切成小塊置於室溫軟化後，用打蛋器攪打成乳霜狀。加入3顆蛋黃，切拌均勻。

> **Tip** 奶油乳酪的品牌不同，成品口感也略有差異。

2. 蛋白以中低速打發至魚眼泡，加入檸檬汁、一半的赤藻醣。再以中高速打發至蓬鬆，加入剩下的赤藻醣，繼續打發蛋白至濕性發泡，攪拌器可拉起長長的彎勾。

3. 烤箱預熱160度，燒一鍋熱水備用。取1/3蛋白霜至乳酪糊中，快速而輕柔的切拌均勻。

4. 將步驟3的乳酪糊全部倒回蛋白霜，快速輕柔切拌避免消泡。

5. 取數個杯子紙模（或1個6吋蛋糕模抹油鋪烘焙紙），將蛋糕糊從高處倒入，輕震幾下消除大氣泡。

6. 外烤盤倒入高度約1cm溫水，放入蛋糕烤模。水浴法用160度烤10分鐘，接著再以140度烤10分鐘，最後以130度烤5分鐘。

> **Tip** 若使用 6 吋模，上火 180 度、下火 0 度烤 10 分鐘上色，再上下火皆 130 度烤 50 分鐘，關火悶 5 分鐘。
>
> 各烤箱脾氣不同，時間及烤溫請自行斟酌調整。

7. 插入竹籤若無沾黏即可，冷藏3小時風味更佳。

> **Tip** 密封冷藏保存約 7 天，冷凍約 3 個月，冷凍退冰可直接食用。

▲ 使用 6 吋模

可可戚風蛋糕

此蛋糕可抹上鮮奶油或是藍莓裝飾，更有層次、口感更濕潤喔！每個人喜好不同，甜度可自行調整。杏仁粉記得要買烘焙用的喔！

40 分鐘

6 吋，1 個

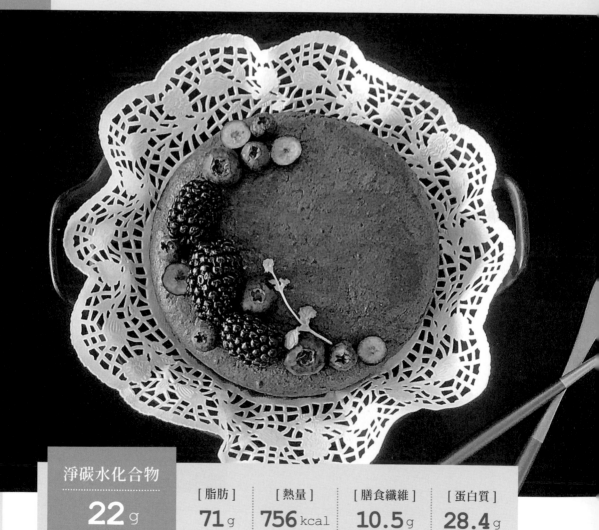

淨碳水化合物	[脂肪]	[熱量]	[膳食纖維]	[蛋白質]
22 g	**71** g	**756** kcal	**10.5** g	**28.4** g

材料

雞蛋 ················· 3 顆
無鹽奶油 ·········· 35g
動物性鮮奶油 ······ 40ml
無糖可可粉 ········ 20g
烘焙用杏仁粉 ······ 100g
檸檬汁 ············· 少許
赤藻糖醇 ··········· 35g

工具

鋼盆 ············· 2 個
刮刀
打蛋器
烘焙紙
六吋蛋糕模

 作法

1. 將無鹽奶油隔水加熱融化；蛋黃、蛋白分離備用。

2. 用電動攪拌器打發蛋黃，加入奶油、鮮奶油攪拌均勻。再加入杏仁粉、可可粉攪拌均勻備用。

3. 將蛋白打發至硬性發泡。用電動打蛋器將蛋白攪打成粗大的魚眼泡，加入幾滴檸檬汁、一半的糖，打至濕性發泡時再加入另外一半的糖，打到無法流動、提起有小彎勾即可。

 Tip　蛋白盆不可碰到水或油，不然無法打發。

4. 取1/3蛋白霜至步驟2的粉糰中，快速輕柔攪拌均勻避免消泡。

5. 再將粉糰倒回蛋白盆中，一樣快速但輕柔攪拌避免消泡。

6. 烤箱以190度預熱。蛋糕模鋪上烘焙紙，方便脫模。

7. 將步驟5的蛋糕液倒入模具中，並輕震桌面幾下，以消除大氣泡，用刮刀抹平表面修飾。

8. 將蛋糕模放入烤箱，以190度烘烤約25分鐘，取出前，烤箱門開小縫先降溫後再取出。

Tip　每台烤箱脾氣不同，烤溫、時間請自行斟酌。

9. 蛋糕脫模後置涼，依喜好裝飾即可。

蔬食菇菇披薩

本食譜使用青醬做為披薩醬，大家也可以自行變換成白醬、番茄醬或刷上橄欖油。披薩餡料也依個人喜好可任意變換。

30 分鐘

2 人份

淨碳水化合物

9.6g

[脂肪]
32.6g

[熱量]
471 kcal

[膳食纖維]
16.2g

[蛋白質]
24.5g

材料

餅皮

杏仁粉	30g
黃金亞麻仁籽粉	60g
洋車前子粉	15g
無鋁泡打粉	1g
雞蛋	1 顆
溫水	60ml
香蒜粒	5g
玫瑰鹽	1g
起司粉	20g

餡料

青醬	30g
洋蔥	20g（切末）
番茄	20g（切末）
鴻禧菇	20g
綠花椰	3 小朵
小黃瓜	1 截（切丁）

調味

黑胡椒	適量
玫瑰鹽	適量
香蒜粒	適量
義式香料	適量
起司絲	50g

 作法

1. 在調理盆放入「餅皮」中的乾性粉狀材料（除了水），攪拌均勻後，再加入30ml的溫水稍微攪拌。

2. 加入雞蛋拌勻，再加入剩餘溫水攪拌成糰並整圓。

3. 烤箱預熱至190度。

4. 將粉糰放在保鮮膜上並包覆住，用擀麵棍擀平成約0.8cm厚的餅皮，鋪平於烘焙紙上。

5. 將餅皮放入烤箱烘烤10分鐘後取出，利用另一張烘焙紙覆蓋住並翻面，讓剛剛貼著烘焙紙的那面朝上。

6. 打開烘焙紙，在餅皮上刷上一層青醬。

7. 鋪上「餡料」，再撒上起司絲，接著再裝飾一些餡料，撒上「調味」裡的胡椒、鹽、香蒜粒、義式香料等。

8. 放入烤箱，以190度烘烤15分鐘，看見起司融化、食材已熟即可。

HealthTree 健康樹 健康樹系列 123

日日減醣瘦身料理

作　　　者	張晴琳（圈媽）
總　編　輯	何玉美
主　　　編	紀欣怡
封 面 設 計	比比司設計工作室
內 文 設 計	陳佇如
內 文 排 版	許貴華

出 版 發 行	采實文化事業股份有限公司
行 銷 企 劃	陳佩宜・黃于庭・馮羿勳・蔡雨庭
業 務 發 行	張世明・林踏欣・林坤蓉・王貞玉
國 際 版 權	王俐雯・林冠妤
印 務 採 購	曾玉霞
會 計 行 政	王雅蕙・李韶婉
法 律 顧 問	第一國際法律事務所　余淑杏律師
電 子 信 箱	acme@acmebook.com.tw
采 實 官 網	www.acmebook.com.tw
采 實 臉 書	www.facebook.com/acmebook01

Ｉ Ｓ Ｂ Ｎ	978-957-8950-96-2
定　　　價	380 元
初 版 一 刷	2019 年 4 月
初版十四刷	2024 年 4 月
劃 撥 帳 號	50148859
劃 撥 戶 名	采實文化事業股份有限公司
	104 臺北市中山區南京東路二段 95 號 9 樓
	電話：（02）2511-9798　傳真：（02）2571-3298

國家圖書館出版品預行編目資料

日日減醣瘦身料理 / 張晴琳作 . -- 初版 . -- 臺北市 : 采實文化，
2019.04
　面；　公分
ISBN 978-957-8950-96-2(平裝)

1. 食譜 2. 減重

427.1　　　　　　　　　　　　　　　　108002602

采實文化　采實文化事業有限公司

104台北市中山區南京東路二段95號9樓

采實文化讀者服務部　收
讀者服務專線：02-2511-9798

瘦身料理

日日減醣

肉品海鮮・蔬食沙拉・鍋物料理
吃飽吃滿還瘦18公斤

無痛減醣瘦身家常菜111道

孫語霙〔營養師〕食譜成分計算

張晴琳〔圈媽〕著

日日減醣瘦身料理

讀者資料（本資料只供出版社內部建檔及寄送必要書訊使用）：

1. 姓名：

2. 性別：□男　□女

3. 出生年月日：民國　　　年　　　月　　　日（年齡：　　　歲）

4. 教育程度：□大學以上　□大學　□專科　□高中（職）　□國中　□國小以下（含國小）

5. 聯絡地址：

6. 聯絡電話：

7. 電子郵件信箱：

8. 是否願意收到出版物相關資料：□願意　□不願意

購書資訊：

1. 您在哪裡購買本書？□金石堂（含金石堂網路書店）　□誠品　□何嘉仁　□博客來
　 □墊腳石　□其他：＿＿＿＿＿＿＿＿＿＿＿＿＿＿（請寫書店名稱）

2. 購買本書日期是？＿＿＿＿年＿＿＿＿月＿＿＿＿日

3. 您從哪裡得到這本書的相關訊息？□報紙廣告　□雜誌　□電視　□廣播　□親朋好友告知
　 □逛書店看到　□別人送的　□網路上看到

4. 什麼原因讓你購買本書？□喜歡料理　□注重健康　□被書名吸引才買的　□封面吸引人
　 □內容好，想買回去做做看　□其他：＿＿＿＿＿＿＿＿＿＿＿＿（請寫原因）

5. 看過書以後，您覺得本書的內容：□很好　□普通　□差強人意　□應再加強　□不夠充實
　 □很差　□令人失望

6. 對這本書的整體包裝設計，您覺得：□都很好　□封面吸引人，但內頁編排有待加強
　 □封面不夠吸引人，內頁編排很棒　□封面和內頁編排都有待加強　□封面和內頁編排都很差

寫下您對本書及出版社的建議：

1. 您最喜歡本書的特點：□圖片精美　□實用簡單　□包裝設計　□內容充實

2. 關於低醣生酮的訊息，您還想知道的有哪些？
＿＿＿＿＿＿＿＿＿＿＿＿＿＿＿＿＿＿＿＿＿＿＿＿＿＿＿＿＿＿＿＿＿＿
＿＿＿＿＿＿＿＿＿＿＿＿＿＿＿＿＿＿＿＿＿＿＿＿＿＿＿＿＿＿＿＿＿＿

3. 您對書中所傳達的步驟示範，有沒有不清楚的地方？
＿＿＿＿＿＿＿＿＿＿＿＿＿＿＿＿＿＿＿＿＿＿＿＿＿＿＿＿＿＿＿＿＿＿
＿＿＿＿＿＿＿＿＿＿＿＿＿＿＿＿＿＿＿＿＿＿＿＿＿＿＿＿＿＿＿＿＿＿

4. 未來，您還希望我們出版哪一方面的書籍？
＿＿＿＿＿＿＿＿＿＿＿＿＿＿＿＿＿＿＿＿＿＿＿＿＿＿＿＿＿＿＿＿＿＿
＿＿＿＿＿＿＿＿＿＿＿＿＿＿＿＿＿＿＿＿＿＿＿＿＿＿＿＿＿＿＿＿＿＿